U0170421

飞行器通信链路关键技术

丁丹　况学伟　尹晓飞　徐华正　著

科学出版社

北京

内 容 简 介

通信链路是无人机和导弹等飞行器安全飞行、完成任务的重要保障和重要功能,是飞行器测控通信的热点和难点技术之一。本书针对飞行器高效、可靠通信这个重要现实问题,凝练多年飞行器通信理论研究与工程实践成果,首先探讨飞行器通信链路总体设计问题,包括系统设计、信道分析、高速率/抗干扰通信体制等。然后逐项深入分析飞行器通信链路关键技术,包括高效调制解调、高动态同步、信道均衡等。主要内容包括飞行器通信链路概述、飞行器高速率通信体制、飞行器抗干扰通信体制、飞行器通信链高效调制解调技术、飞行器通信链路信号同步技术、飞行器通信链路自适应均衡技术。本书系统性、创新性强,既具有一定理论深度,又具备一定的工程实用价值。

本书可作为信息与通信工程、电子科学与技术等专业的高年级本科生及相关专业硕士研究生、博士研究生的教学用书或参考书,也可为测控通信、信号处理等领域的技术和科研人员提供参考。

图书在版编目(CIP)数据

飞行器通信链路关键技术 / 丁丹等著. —北京:
科学出版社,2022.7
ISBN 978-7-03-070679-9

Ⅰ.①飞… Ⅱ.①丁… Ⅲ.①飞行器—航天测控—无
线电通信—光链路—研究 Ⅳ.①V556.1

中国版本图书馆 CIP 数据核字(2021)第 237735 号

责任编辑:徐杨峰 / 责任校对:谭宏宇
责任印制:黄晓鸣 / 封面设计:殷 靓

科 学 出 版 社 出版
北京东黄城根北街 16 号
邮政编码:100717
http://www.sciencep.com

南京展望文化发展有限公司排版
广东虎彩云印刷有限公司印刷
科学出版社发行 各地新华书店经销

*

2022 年 7 月第 一 版 开本:B5(720×1000)
2024 年 6 月第三次印刷 印张:15 1/4
字数:248 000
定价:120.00 元
(如有印装质量问题,我社负责调换)

前言

    无人机、飞艇等飞行器在军事和民用诸多领域发挥着越来越重要的作用,飞行器与地面之间的无线通信链路是决定其能否完成任务的重要支持和保障。随着战场作战样式、工业生产方式、人们生活方式的变迁,飞行器承担的任务、面临的工作环境也发生着巨大的变化。军事方面,飞行器作战任务趋于多样化、攻防对抗愈加激烈、作战空间日益广阔;民用方面,飞行器已深入工业生产、抢险救灾、通信服务、娱乐活动等方方面面,作业环境复杂多变,覆盖区域更加广阔,飞行器数量与日俱增。这些任务需求使得地面与飞行器之间的通信距离不断扩大,用户节点数量不断增加,通信数据速率不断提升,飞行器机动性不断提高,通信环境日益恶劣。因此,设计并实现高效、可靠的飞行器通信链路是通信领域亟待突破的重要问题之一。

    本书针对飞行器高效、可靠通信这个重要现实问题,凝练多年飞行器通信理论研究与工程实践成果,对通信体制、调制解调、信号同步、信道均衡等技术进行全面、深入的适应性改进、分析与验证,突破高速抗干扰扩频、多模式高效率调制解调、高动态信号快速捕获与精确跟踪、时变信道混合自适应均衡等难点技术,为解决上述问题提供理论指导和技术牵引。

    本书共6章。第1章为飞行器通信链路概述,包括需求特点、系统构成、信道特性分析。第2章研究飞行器高速率通信体制,重点探讨 SC - FDE 的设计与实现。第3章研究飞行器抗干扰通信体制,重点研究多进制直接扩频技术,实现抗干扰、高速率两种特性兼备。第4章研究飞行器通信链路高效调制解调技术,提出通用调制解调模型,分析实现 QAM、APSK 两种高阶调制解调技术。第5章研究飞行器通信链路信号同步技术,包括时间同步、频率同步、高动态同步技术等。第6章研究飞行器通信链路自适应均衡技术,提出混合自适应均衡算法。

本书第 1、3、4、6 章由丁丹编写,其中徐华正编写了 4.3 节,第 2 章由况学伟编写,第 5 章由尹晓飞编写。此外,许斌、郝建华、崔永参与了第 3 章中快速捕获仿真支持部分的编写,薛乃阳、樊怡乐、丁杰、刘仲谦、王志强、马波参与了全书文字和图片整理工作,共同完成全书设计与成稿的还有杨柳、王红敏。近年来,作者及所在团队在国内外重要学术期刊上发表相关学术论文 20 余篇,知识产权 10 余项,本书正是在上述研究成果基础上完成的。此外,在本书写作过程中,参考了有关书籍和文献,在此也向这些作者一并致谢。

本书内容涉及通信链路各个环节,包括调制解调、同步、均衡等,相关内容都有创新和突破,且得到工程应用的检验,系统性、实用性强,且脉络清晰、深入浅出。由于作者水平所限,加之时间仓促,书中难免存在不足之处,恳请广大读者批评指正。

丁 丹

2021 年 12 月

目录 | Contents

第1章 飞行器通信链路概述

1.1 飞行器通信链路需求

1.1.1 功能需求

无人机、飞艇、导弹等飞行器在军、民诸多领域发挥着越来越重要的作用。按飞行器的飞行高度分类,包括飞行高度大于 300 km 的航天器,如卫星、载人飞船、深空探测器、弹道导弹等;还有飞行高度为 20~100 km 的临近空间飞行器,如再入滑翔飞行器、高超声速巡航导弹、浮空飞艇等;第三类是飞行高度低于 18 km 航空器,如无人机、巡航导弹、火箭弹等。本书重点以无人机、巡航导弹等航空器为例探讨飞行器通信链路关键技术问题。

飞行器与地面之间的无线通信链路是决定其能否完成任务的重要支持和保障。飞行器通信链路的传输内容主要包括四类:遥控指令、航迹数据、遥测信息、载荷数据。

1. 遥控指令

遥控指令是指地面站利用前向通信链路将控制指令传送到飞行器,控制其完成规定的动作,如控制飞行器改变飞行速度、方向调整、姿态调整、载荷开关机,等等。

2. 航迹数据

航迹数据是一组按时间点规定飞行器运动轨迹的数据,由地面站规划生成并通过前向通信链路注入飞行器,使飞行器按照预定路线飞行。

3. 遥测信息

遥测信息是指对飞行器上的待测参数进行检测,如飞行器的舱内温度、压力、湿度、电池电量、飞行速度、定位信息、飞行姿态、故障信息等,并将测量结果通过返向通信链路传输到地面站进行记录、显示和处理。遥测数据传输的目的是保证地面的飞行器操控、管控人员及时掌握飞行器的健康状态、工作状态、位置信息、姿态信息。

4. 载荷数据

在业内,载荷数据传输通常简称为"数传",通过返向通信链路传输。传输的内容通常包括遥感载荷的遥感图像信息、环境载荷的环境监测信息,以及视频声音等音像信息。

1.1.2　性能需求

随着战场作战样式、工业生产方式、人们生活方式的变迁,飞行器的任务也发生着巨大的变化。军用方面,飞行器作战任务趋于多样化、攻防对抗更加激烈、目标种类更加繁多、作战空间日益广阔;民用方面,飞行器已深入工业生产、抢险救灾、通信服务、娱乐活动等方方面面,作业环境复杂多变,覆盖区域愈发广阔,飞行器数量与日俱增。这些任务需求使得地面与飞行器之间的通信距离不断扩大、用户节点数量不断增加、通信数据速率不断提升、飞行器机动性不断提高、通信环境日益恶劣。这些发展趋势对飞行器通信链路提出了更高的要求,具体表现在如下几个方面。

(1) 多用户需求。传统的"单兵"作战已不能满足现代战争的要求,单一武器的打击效果远不如群体组成的体系联合作战效果好,多个武器系统铰链、组网后形成的协同作战和群击应用更为有效。较多数量的飞行器可以通过组网形成机群编队,利用畅通的信息共享机制和高效的协同运行策略提高整个编队的任务成功率和效率。例如,无人机群编队的地面站负责机群任务的预先或实时规划与分配,使得整个机群编队以协作的方式完成复杂战场环境下的高概率突防、协同侦察、饱和攻击等任务。

(2) 大容量需求。当前,场态势感知、作战决策、打击实施、打击效果评估等每一个作战环节中对于作战信息和数据交换等需求都出现了前所未有的增长趋势,尤其是在群体、精确打击模式下,对图像、态势等信息的传输容量提出了更高的要求,不仅要求飞行器获取的高质量图像能够通过返向链路实时回传地面站,辅助其完成决策,而且要求对面站将含有目标指示信息的图像通过前向链路实时传输至飞行器,供其进行目标匹配、地形匹配、自主决策等。

(3) 抗干扰需求。日益恶劣的战场环境对飞行器通信链路的抗干扰能力提出了越来越高的要求:一方面,要求控制指令通过前向链路可靠地传输至飞行器;另一方面,也要求飞行器的重要状态信息能够通过返向链路可靠地回传至地面站。需要从天线波束成形控制、通信体制优选与改进、工作模式和抗干扰策略优化等多个方面来提升飞行器通信终端抗干扰能力。当前,对于重要的控制指令和关键的用户状态信息,普遍采用扩频通信这样一种公认的抗干扰体制进行传输。然而,由于扩频增益与数据速率之间的矛盾,扩频传输会带来一定带宽条件下的数据速率受限问题。在较低的数据速率下,往往能够获得较高的扩频因子,但在传输高质量图像信息时,却不能获得足够的抗干扰能力。因此,飞行器通信链路中的图像传输一般不采用扩频方式,而更多倾向于采用高效通信体制和高阶调制方式。

（4）资源分配灵活性需求。多样、多变的战场态势和作战任务带来了飞行器编队规模、群组模式、信息传输需求的多样化。执行不同任务时,飞行器所需要的信道资源不同;每个飞行器在不同时间段需要通信的信息种类也有变化。一般来说,编队中的主飞行器承担着自主任务规划、协同控制、信息采集、图像传输等重要任务,需要申请较多的信道资源,以传输较大容量的信息。而其他从飞行器则只需占用较少的信道资源,用于传输控制指令和用户状态等低速信息。但是,主飞行器一旦被毁或失效,就需要其他某个从飞行器及时提升级别,接替主飞行器的任务,这就要求整个系统具备信道资源的动态、实时、灵活分配能力。另外,不同的信息种类往往采用不同的通信体制进行传输,例如,关键的指令、重要的状态一般采用扩频的方式传输,而图像信息则普遍采用非扩频方式传输,这些传输方式对信道资源的需求也是不同的。

（5）高动态需求。未来战场态势复杂多变,要求各类作战单元都具备快速反应和敏捷作战能力,从而可靠地完成对时敏目标的远程、快速、精确侦察或打击。以高超声速巡航导弹打击敌方导弹机动发射阵地为例,一旦对方发射导弹,就可利用导弹预警卫星侦察的发射地点引导高超声速巡航导弹,在其撤收之前完成打击,以消除其二次打击能力。当前,普通巡航导弹速度可达到亚声速级,而高超声速巡航导弹则可达 $Ma5$ 甚至更高。例如,美国某高超声速巡航导弹的飞行速度可达 $Ma5 \sim 8$,飞行高度可达 27 km。根据巡航导弹的飞行特点,除了飞行速度,还需考虑一定的加速度。巡航导弹机动能力越强,弹载通信终端在高动态条件下精确、稳定同步的难度就越高。

1.2 飞行器通信链路系统

1.2.1 系统构成

以遥感无人机为例,飞行器通信链路系统构成和原理框图分别如图 1.1 和图 1.2 所示,由机载通信设备和地面通信设备组成。机载通信设备包括前向接收设备和返向发射设备,其中机载前向接收设备包括遥控/航迹接收模块、遥控/航迹接收天线,与地面的遥控器、遥控发射机、发射天线共同组成前向通信链路,用于遥控指令、航迹信息传输;机载返向发射设备包括图像/遥测发射模块、图像/遥测发射天线,与摄像机、图像处理模块、机载各类传感器、地面遥测接收机和接收天线、基带信号解调器共同组成返向通信链路。通信射频和数字处理电路的集成度越来越高,机载前向接收设备和返向发射设备可以采用一体化设计,共用一副天线。地面通信设备包括前向遥控/航迹发射通道、返向图像/遥测接收通道、地面控制站等,集成了通信电路、主控计算机、键盘鼠标、显示终端等模块,提供人机操作界面,完成前向遥控指令及航迹规划数据的控制与预处理,接收并显示返向图像/遥测通道的数据,实时存储图像/遥测数据,是全系统的操作和显示终端。

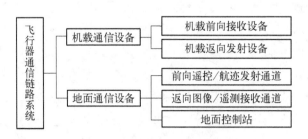

图 1.1 飞行器通信链路系统构成

1. 机载通信设备

机载通信设备包括机载前向接收设备和机载返向发射设备。

1)机载前向接收设备

机载前向接收设备包括遥控/航迹接收模块、遥控/航迹接收天线。机载遥控/航迹接收天线接收地面的遥控/航迹发射机的射频信号,传送到机

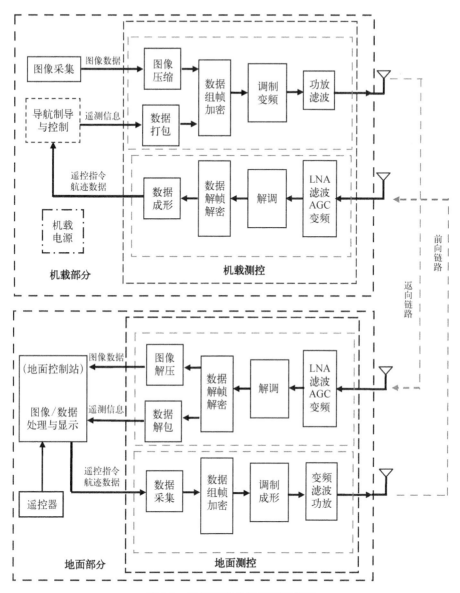

图 1.2　飞行器通信链路原理框图

LNA 表示局域网；AGC 表示自动增益控制

载遥控/航迹接收模块,经高频放大、混频、自动增益控制、基带解扩解调后输出遥控指令数据流和航迹规划数据流,传送到导航制导与控制分系统完成遥控数据处理;机载遥控/航迹接收天线一般为螺旋圆极化全向天线,保证在任何飞行方向、姿态条件下均能稳定接收地面发射的遥控/航迹前向信号,可选择安装在机体前部。

2）机载返向发射设备

机载返向发射设备包括图像/遥测发射模块、图像/遥测发射天线。图像/遥测发射模块对机载任务设备获得的图像信号进行数据编码压缩,压缩后的数据和导航制导与控制分系统送来的遥测信息进行复接,经调制和功率放大（简称攻放）后,由图像/遥测发射天线发射至地面。图像/遥测发射天线一般为螺旋圆极化全向天线,保证任何飞行方向、姿态条件下均能将返向信号发回地面站,可选择安装在机体垂尾上。

2. 地面通信设备

按照功能,地面通信设备可分为前向遥控/航迹发射通道和返向图像/遥测接收通道及地面控制站。

1）前向遥控/航迹发射通道

前向遥控发射通道由遥控器、地面监控站、遥控/航迹发射机和发射天线等链接而成。

（1）遥控器。

遥控器是手控飞行指令及任务设备操作指令的生成器,通过电缆与地面控制站相连;遥控器发出的编码控制指令接到地面控制站,地面控制站通过电缆连接地面遥控/航迹发射机模块,将编码控制指令通过前向扩频信道发射出去,控制飞行器飞行或控制任务设备。除了分立式遥控器,也可以将遥控器和地面控制站集成为小型一体化设备。

（2）遥控/航迹发射机。

遥控/航迹发射机模块完成遥控信号的数字化采集、信道编码、差分编码、调制、功放,主要由基带模块、射频调制模块、功放模块组成。遥控/航迹发射机一般结构独立,通过电缆分别与天线和地面控制站连接。遥控/航迹发射天线可采用螺旋圆极化全向天线,保证无线信号覆盖范围,也可采用定向平板/八木天线,以提高无线信号发射增益,但定向天线增益不能设计得过高,因为会造成天线波束过窄,导致无人机飞出波束覆盖区域。欲进一步提高链路增益,则需采用闭环跟踪能力的天伺馈系统,通过高增益窄波束跟踪的方式,最大限度地扩大作用距离,但系统的复杂度、成本会升高。

2）返向图像/遥测接收通道

返向图像/遥测接收通道包括遥测接收天线、遥测接收机等,主要由高频放大变频模块、基带数字处理模块、图像解码模块、接口模块组成,完成返向遥测链路无线信号的接收、解调、解密、图像/遥测数据解帧、图像解压缩、图像/遥测数据的以太网接口输出、图像数据的 AV 接口输出等。图像/遥测接收机模块不含功放模块,对散热要求不高,可与遥控/航迹发射机一体化集成设计,也可集成于地面控制站内部。

3)地面控制站

地面控制站为前向遥控发射通道、返向图像/遥测接收通道提供工作电源,生成遥控数据指令和航迹数据,解析遥测数据,处理视频图像,生成遥感产品,显示全系统工作状态等。地面控制站硬件可选用便携式工控机,也可定制为便携手持式设备。

1.2.2　前向链路设计

1. 设计思想

前向链路遵循通用化、数字化、模块化的设计思想,依照满足功能性能指标的基础上,留有一定的性能扩展裕量的原则,选取技术成熟、供货通畅、价格适中的元器件。实现过程中,依据功能性能指标不断优化设计方案,注重在设计阶段就将系统的电磁兼容性、量化生产特性、产品可靠性、产品可维护性纳入综合考虑范围。

从图 1.3 中可以看出,基带处于该产品的核心位置。发射机中,基带接收控制器控制信号,完成相关调制处理后通过中频接口送至射频模块,经天线发射。接收机中,基带接收天线及射频模块的射频信号经过解扩、解调后,将接收数据传送至控制器,完成响应的控制功能。

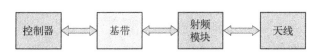

图 1.3　基带在前向链路系统中的位置示意图

2. 遥控/航迹发射机设计

从功能的角度分,遥控/航迹发射机基带可以分为三大功能模块:驱动器模块、芯片处理模块、D/A 转换模块,如图 1.4 所示。驱动器芯片提高输入信号质量,现场可编程门阵列(field programmable gate array,FPGA)完成基带数据的编码、调制、输出及相关控制,D/A 转换模块完成调制信号的数模转换功能。每个功能模块分别由核心器件外加外围器件完成其各自功能,另外还包括一个电源模块,完成基带的供电。

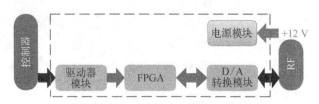

图 1.4　遥控/航迹发射机基带构成图

各部分的连接情况如图 1.5 所示,从功能的角度,遥控/航迹发射机射频模块可以分为调制模块、上变频模块、功放模块。调制模块接收基带发送的中频信号,完成信号的中频调制,变频模块完成信号从基带频段向射频频段的变换,功放模块将信号放大后送至天线发射输出。

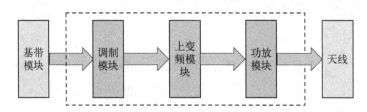

图 1.5　遥控/航迹发射机基带原理框图

3. 遥控/航迹接收机设计

与遥控/航迹发射机部署于地面不同,遥控/航迹接收机安装于无人机内,需考虑功耗、体积、电磁兼容等限制,所以可采用基带射频一体化的板卡设计方式。从功能的角度,基带部分可以分为三大功能模块:驱动器模块、芯片处理模块、A/D 转换模块,如图 1.6 所示。驱动器模块可提高输入信号质量,FPGA 完成基带的解调、解码、输出及相关控制,A/D 转换模块完成射频输出信号的模数转换的功能。每个功能模块分别由核心器件外加外围器件组成,另外还包括一个电源模块,完成基带的供电。

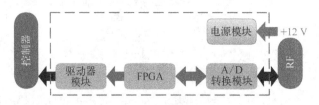

图 1.6　遥控/航迹接收机基带构成

从功能的角度,射频部分可以分为低噪声放大器模块(图中简写为低噪放模块)、下变频模块、自动增益控制放大模块,如图 1.7 所示。低噪放模块接收天线接收到的无线信号并进行放大,下变频模块将射频信号下变频至零中频,自动增益控制放大模块完成信号电平的自动调整。

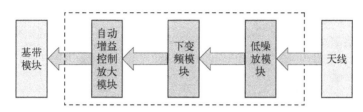

图 1.7　遥控/航迹接收机基带原理框图

1.2.3　返向链路设计

1. 设计思想

飞行器通信链路为前、返向不对称链路,返向链路为飞行器发射,其功率往往比前向链路更为受限,且一般返向链路需要传输高速图像数据,对链路功率的需求更高,所以返向链路的设计,尤其是返向链路机载发射电路更注重功率、效率、电路集成度的优化设计。

从图 1.8 中可以看出,基带处于该产品的核心位置。发射机中,基带接收图像/遥测数据信号,完成图像压缩编码及相关调制处理后通过中频接口送至射频模块,经天线发射。基带接收天线及射频模块的射频信号,经过解调、解压缩等相关处理后将接收图像、遥测数据送至相应处理单元,完成相应的任务功能。

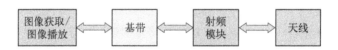

图 1.8　基带在返向链路系统中的位置示意图

2. 图像/遥测发射机设计

从功能的角度,图像/遥测发射机基带可以分为三部分:图像压缩编码、芯片处理模块、D/A 转换模块,如图 1.9 所示。图像压缩编码通过压缩算法对图像进行编码,并完成图像数据与遥测数据的复接。FPGA 完成基带数据的编码、调制、输出及相关控制,D/A 转换模块完成中频调制信号的数模转换功能。每个功能模块分别由其核心器件外加外围器件构成,另外还包括一个电源模块,完成基带的供电。

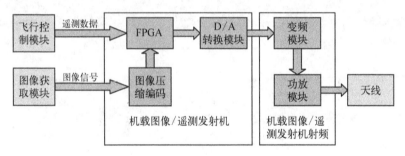

图 1.9　图像/遥测发射机基带构成

从功能的角度分,图像/遥测发射机射频模块可以分为:上变频模块、功放模块,如图 1.10 所示。变频模块完成信号从基带频段向射频频段的变换,功放模块将信号放大后送至天线发射输出。

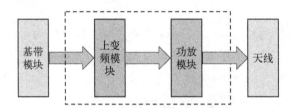

图 1.10　图像/遥测发射机原理框图

3. 图像/遥测接收机设计

图像/遥测接收机基带构成如图 1.11 所示,可采用基带射频一体化的板卡设计方式,从功能的角度,基带部分可以分为三大功能模块:图像解码模块、芯片处理模块、A/D 转换模块。图像解码模块完成图像数据的解压缩,FPGA 完成基带的解调、解码、输出及相关控制,A/D 转换模块完成射频输出信号的模数转换的功能。每个功能模块分别由核心器件外加外围器件构成,另外还包括一个电源模块,完成基带的供电。

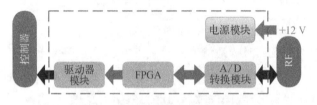

图 1.11　图像/遥测接收机基带构成

各部分的连接情况如图 1.12 所示。从功能的角度分,射频部分可以分为低噪声放大器模块、下变频模块、自动增益控制放大模块。低噪声放大器模块接收天线接收到的无线信号并进行放大,下变频模块将射频信号下变频至零中频,自动增益控制放大模块完成信号电平的自动调整。

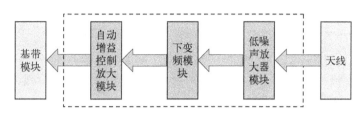

图 1.12　图像/遥测接收机基带原理框图

1.3　飞行器通信链路信道

1.3.1　信道对飞行器通信的影响

无人机、飞艇等飞行器一般飞行于 0.3~1.2 km 的低空区域,由于飞行器与地面距离较近,传输距离相对较远。这样,传输信号就很容易受到地面复杂环境的影响[1],包括在大气中传输的衰减、地面固定物体的反射、移动物体的反射及衍射等,使得信号的质量发生复杂的变化,要降低或消除这些不利影响,就需要分析飞行器通信信道的特性和主要影响因素。

1. 大规模衰落的形成及危害

当利用无人机、飞艇等飞行器将图像、遥测、遥控信号传输至 80 km 左右距离时,由于无线信号在大范围内传播过程中,信号的平均发送功率会因为传播距离的增加而降低,其传播损耗也因为传播路径的增加而增加,从而产生信号的平均发送功率的衰落,这种衰落同时还受到大气、地形等环境的影响。Okumura 等[2]对无线信号大范围传播的路径损耗数据进行了测量,Hata[3]根据其结果进行了归纳,表明平均路径损耗 $\bar{L}_P(d)$ 是发送和接收两端距离 d 的函数,具体为

$$\bar{L}_P(d) \propto \left(\frac{d}{d_0}\right)^n \qquad (1.1)$$

式中,d_0 表示天线的参考距离;n 表示路径损耗指数。

2. 多径效应的形成及危害

如图 1.13 所示,由于发射、散射等,无人机、飞艇等飞行器图像信号在到

达接收端时会产生多径现象[4]，从而形成时延衰落。定义信号码元周期为T_s，信号传播的最大延时为T_m，根据T_s与T_m的关系可将无线信道的时延衰落分为两种类型：频率选择性衰落和平坦衰落。如果$T_m > T_s$，即一个码元的延时超过了码元的传输时间，信号的多径分量导致相邻码元之间的重叠，即码间干扰(inter symbol interference, ISI)，造成信噪比急剧下降，称为频率选择性衰落；反之，$T_m < T_s$时，虽然不会产生 ISI，但由于多径分量的叠加，信号的信噪比降低，表现为平坦衰落。

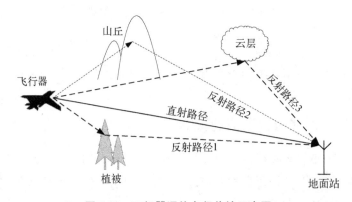

图 1.13　飞行器通信多径传输示意图

3. 多普勒效应的形成及危害

无人机、飞艇等飞行器的运动，以及传输信道中反射物体的运动(如云层、植被的随风运动等)，带来了接收信号的多普勒频偏[5]。由相对运动产生的多普勒频偏幅度为$f_d = \dfrac{v}{\lambda}$(其中v为相对运动速度、λ为信号波长)，信道的相干时间为$T_0 = 1/f_d$，根据T_0与T_s之间的关系可将无线信道的时变衰落分为快衰落和慢衰落两种类型。如果$T_0 < T_s$，即码元传输时间超过信道的相干时间，在一个码元内的相关性发生变化，对应信道状态发生变化，形成快衰落；反之，若$T_0 > T_s$，信道状态在一个码元持续的时间里保持不变，如平坦衰落一般，由于信道信噪比的损失，表现为慢衰落。

如图 1.14 所示，对比两个分图可以发现，最大信道多普勒频偏为 200 Hz时，信道变化更快，信道环境更恶劣。

对比图 1.15(a)和(b)，最大信道多普勒频偏为 200 Hz 时，信道变化更剧烈，说明多普勒干扰将导致接收信号质量的迅速下降，所以接收端必须具有一定的抗多普勒频偏能力，文献[6]和[7]中介绍了两种抗多普勒频偏技

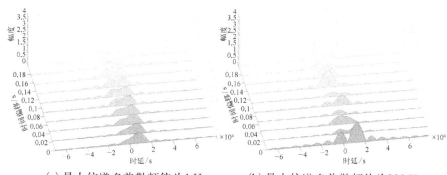

(a) 最大信道多普勒频偏为1 Hz　　　　(b) 最大信道多普勒频偏为200 Hz

图 1.14　多径传输水波图

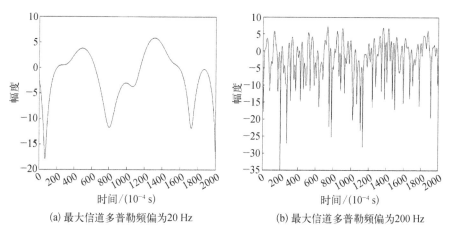

(a) 最大信道多普勒频偏为20 Hz　　　　(b) 最大信道多普勒频偏为200 Hz

图 1.15　信道多普勒频偏对信号传输的影响

术,可以提高接收端的抗多普勒频偏性能。对于由于运动引起的单一多普勒频偏,将在后面的数据帧结构设计中进行综合考虑,利用载波同步技术,使系统具有一定的抗多普勒频偏能力。

　　根据以上三个主要因素对信道的影响将衰落信道进行分类,如图 1.16 所示。

1.3.2　飞行器通信链路信道模型

　　通过 1.3.1 节分析可知,在无人机、飞艇等飞行器的图像、遥测、遥控通信链路中,接收信号的幅度产生严重衰落,且是时变的,还是多条路径的叠加。这使得接收信号非常复杂,研究信号的统计特性和信道环境特性就显得非常重要。

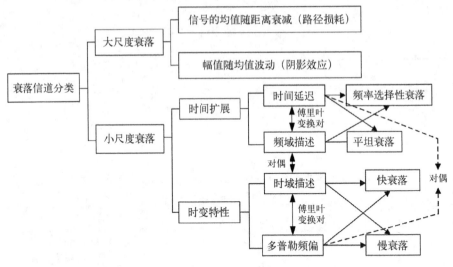

图 1.16 衰落信道分类

1. 典型的信道分布模型

通常情况下,根据无线信道中是否存在直射路径,可将信号的统计特性分为瑞利衰落分布和莱斯衰落分布,下面将具体介绍这两种分布模型的数学表示。

1) 瑞利衰落分布

不考虑直射路径传播的场景一般采用瑞利衰落分布[8]来描述。在信号路径数多于 2 条的条件下,接收信号的幅度 $u(t)$ 服从瑞利分布:

$$p(u) = \frac{u}{\sigma^2} e^{\frac{-u^2}{2\sigma^2}}, \quad 0 \leqslant u \leqslant \infty \tag{1.2}$$

u 的均值 $\bar{u}$、均方根 u_{rms} 和方差 σ_r^2 分别为

$$\bar{u} = E(u) = \int_0^\infty up(u)\,\mathrm{d}u = \sqrt{\frac{\pi}{2}}\sigma = 1.253\sigma \tag{1.3}$$

$$u_{\mathrm{rms}} = \sqrt{E(u^2)} = \sqrt{\int_0^\infty u^2 p(u)\,\mathrm{d}u} = \sqrt{2}\sigma = 1.414\sigma \tag{1.4}$$

$$\sigma_r^2 = E(u^2) - E^2(u) = 0.429\,\sigma^2 \tag{1.5}$$

由此可得概率分布函数 $F(u)$ 为

$$F(u) = \int_0^u p(u)\,\mathrm{d}u = \int_0^u \frac{u}{\sigma^2}\mathrm{e}^{\frac{-u^2}{2\sigma^2}}\mathrm{d}u = 1 - \mathrm{e}^{\frac{-u^2}{2\sigma^2}} \tag{1.6}$$

设 u_m 为接收信号的中值,信道幅度包络以 0.5 的概率落在 $[0, u_m]$ 范围内,则有

$$\frac{u_m^2}{2\sigma^2} = 0.693 \Rightarrow u_m = 1.177\sigma \tag{1.7}$$

此时接收信号的幅度 u 的概率分布函数可以用 u_m 表示为

$$F(u) = 1 - \mathrm{e}^{-0.693\frac{-u^2}{u_m^2}} \tag{1.8}$$

2）莱斯衰落分布

在考虑直射路径信号与多径信号共同传播的场景下,信号包络可表示为 $u(t)$:

$$\begin{aligned} u(t) &= |\,\mu(t) + m(t)\,| \\ &= |\,[\mu_I(t) + m_I(t)] + \mathrm{j}[\mu_Q(t) + m_Q(t)]\,| \\ &= \sqrt{[\mu_I(t) + m_I(t)]^2 + [\mu_Q(t) + m_Q(t)]^2} \end{aligned} \tag{1.9}$$

式中,$m(t)$ 代表直射径,$m(t) = m_I(t) + \mathrm{j}m_Q(t) = a\mathrm{e}^{\mathrm{j}(2\pi f_m \theta_m)}$,$a$、$f_m$、$\theta_m$ 分别代表其幅度、多普勒频偏和相位,下角标 I、Q 分别表示实部和虚部;$\mu(t)$ 代表其他非直射径信号:

$$\mu(t) = \mu_I(t) + \mathrm{j}\mu_Q(t) \tag{1.10}$$

幅度 $u(t)$ 的分布,即

$$p(u) = \frac{u}{\sigma^2}\exp\left(-\frac{u^2 + a^2}{2\sigma^2}\right) I_0\left(\frac{ua}{\sigma^2}\right), \quad 0 \leqslant u \leqslant \infty \tag{1.11}$$

式中,$I_0()$ 表示修正的第一类贝塞尔函数。

在地面远距离通信中,由于是非视距通信,信道服从瑞利衰落分布(由于遮挡,无主径传播信号)。而在飞行器通信中,由于天线的升高,飞行器与地面接收机之间为低仰角空地通信,即存在主径传播,信道分布模型选用莱斯衰落分布模型。

2. 信道的环境模型

为了建立飞行器通信链路信道模型,仅仅分析接收信号的分布模型还

不够,还需要分析所处的地理环境、接收端到发送端的各个路径信号所受的影响等。由于受到传播环境及传播路径等各方面的影响,实际的信道非常复杂,现有的模型无真实模拟飞行器通信链路的信道环境情况,只能在给定的统计模型下进行相应的参数修改,最大限度地模拟真实环境。无人机等飞行器通信链路的主要应用频段为 1~2 GHz,其通信场景最接近 IEEE 802.16 所描述的模型。下面基于前面分析的飞行器通信信道特性,对 IEEE 802.16 无线信道模型的建立进行简要概述,然后根据飞行器通信链路的具体环境建立类似 IEEE 802.16 标准且适用于飞行器通信链路的无线信道模型。

1) IEEE 802.16 无线信道模型

IEEE 802.16 无线信道模型[9]主要规定了无线城域网(wireless metropolitan area network,WMAN)的信道模型及物理层、接入层规范。典型的 IEEE 802.16 无线信道模型包括时间色散的斯坦福大学过渡(Stanford University interim,SUI)模型[10]、非时间色散 ECC‒33 信道模型[11]、非时间色散模型 COST231‒Hata 信道模型[12]等。

COST231‒Hata 模型适用于 500~2 000 MHz 频段范围的大尺度路径衰落场景,欧洲研究委员会 COST231 工作组给出其模型公式如下:

$$L = 46.3 + 33.9\lg f - 13.82\lg(h_b) - a(h_m)$$
$$+ [44.9 + 6.55\lg(h_b)\lg d] + c_m \qquad (1.12)$$

式中,f 为工作频率;h_b 为基站天线的有效高度;h_m 为移动台天线高度;$a(h_m)$ 为移动台天线高度因子修正项;d 为传播路径;c_m 为地物校正因子。

2) SUI 无线信道模型

表 1.1 列出了 SUI 系列无线信道模型的主要参数,包括多径时延衰落及多普勒参数。从表中可以看出,SUI 无线信道模型为 3 径信道模型,第 1 径为主径。SUI‒1 信道的多径时延小,信道多普勒频偏小。而 SUI‒5 无线信道的多径时延大,信道多普勒频偏大。表 1.1 中的参数将为给后面的空地信道模型建立和数据帧结构设计提供参考。

表 1.1 SUI 系列无线信道模型的主要参数(3 径,全向天线)

SUI 模型	增益/dB	90%莱斯因子 K	多径时延扩展/μs	信道多普勒频偏/Hz
SUI‒1	[0 ‒15 ‒20]	[4 0 0]	[0 0.4 0.9]	[0.4 0.3 0.5]
SUI‒2	[0 ‒12 ‒15]	[2 0 0]	[0 0.4 1.1]	[0.2 0.15 0.25]

（续表）

SUI 模型	增益/dB	90%莱斯因子 K	多径时延扩展/μs	信道多普勒频偏/Hz
SUI-3	[0　-5　-10]	[1　0　0]	[0　0.4　0.9]	[0.4　0.3　0.5]
SUI-4	[0　-4　-8]	[0　0　0]	[0　1.5　4]	[0.2　0.15　0.25]
SUI-5	[0　-5　-10]	[0　0　0]	[0　4　10]	[2　1.5　2.5]
SUI-6	[0　-10　-14]	[0　0　0]	[0　14　20]	[0.4　0.3　0.5]

3. 飞行器通信链路信道建模

无人机、飞艇等飞行器一般工作在 0.3~1.2 km 高度范围内,工作环境有丘陵、戈壁、山林等。根据前面的分析,分布模型符合莱斯衰落分布,并且地理环境与 A 类环境模型较接近,可以参考 SUI-5 无线信道模型,对其的参数作合适修改建立相应的空地信道模型。表 1.2 给出了采用常规无人机、飞艇等飞行器稳定工作后的工作参数,将依据这些参数建立相应的信道模型。

表 1.2　无人机、飞艇等飞行器的工作参数

飞行器	飞行速度/(m/s)	载波频率/GHz	最大运动多普勒频偏/Hz	多普勒频偏变化率/(Hz/s)
无人机	20~30	1.8~2.2	200	7
飞　艇	15~25	1.8~2.2	180	5

由于无人机、飞艇等飞行器飞行高度低,其空地信道属于低仰角的多径信道。主要考虑存在 3 条路径的情况,其他路径衰落大,可忽略。由简单的几何分析和数学计算可知,在这种信道环境下的传输延迟约为 267 μs。由于反射带来的最大距离差不超过 3 km(否则将衰落至很小,可不作考虑),可以求出最大多径时延扩展为 $\dfrac{3\,000\ \text{m}}{3\times10^8\ \text{m/s}}=10\ \mu s$,设主径的多径时延扩展为 0 μs,另一路径的多径时延扩展为 5 μs。

根据表 1.2 中无人机、飞艇的工作参数和 SUI-5 的无线信道参数,将最大信道多普勒频偏设定为 7 Hz(此时的运动多普勒频偏为 200 Hz),90%莱斯因子设为 $K=1$,信道增益设定为 [0　-15　-20] dB,得出飞行器通信链路的空地信道模型参数,如表 1.3 所示。

表 1.3　飞行器通信链路的空地信道模型参数

增益/dB	90%莱斯因子 K	多径时延扩展/μs	信道多普勒频偏/Hz
[0　−15　−20]	[1　0　0]	[0　5　10]	[7　5　6]

　　表 1.3 中的信道模型参数将作为后面研究与仿真的依据,是根据飞行器工作环境,参考 IEEE 802.16 标准和 SUI 无线信道模型得出的。

第2章 飞行器高速率通信体制

2.1 高速率通信体制优选分析

飞行器高速率通信传输面临的难题主要包括两方面,一方面是面对有限的频谱资源,要进行高速数据通信,则需要很高的频谱效率,需采用或设计具有较高频谱利用率的通信体制;另一方面,通信传输速率的提高势必会使由多径效应引起的码间干扰变得更加严重,提升通信传输速率的过程实际上是和多径干扰相抗争的过程。这样便需要一种高速率通信体制,它既要有较高的频谱效率,又需具备较强的抗多径干扰的性能。

2.1.1 OFDM

正交频分复用(orthogonal frequency division multiplexing,OFDM)技术实质上是一种巧妙的多载波配置方案:将高速的串行数据流经过串并转换,形成若干路并行的低速数据,分别调制各自的子载波。各路子载波之间相互交叠却又保持严格正交,在保证子载波之间互不干扰的同时,大大提高了频谱利用率,如图2.1所示。

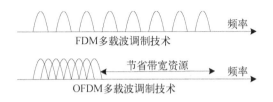

图 2.1 FDM 与 OFDM 频谱利用率的比较

归纳 OFDM 技术的主要优点如下。

(1)频谱利用率高。各个子载波之间严格正交,且频谱相互重叠,因此与传统的频分多路传输系统相比,OFDM 技术显著提升了频谱资源利用率。

（2）抗多径干扰能力强。OFDM 系统一般都采用循环前缀（cyclic prefix，CP），即使接收端快速傅里叶变换（fast Fourier transform，FFT）取窗存在时间偏差，只要偏差不超出 CP 时间长度，子载波之间的正交性就不会被破坏。

（3）均衡简单。各子载波调制低速数据，符号周期长度得以扩展，缓解了前后码元之间的串扰，减小了接收端内均衡的复杂度。

（4）传输速率可调。通过使用不同数量的子载波，以及不同子载波赋予不同的调制编码速率，可实现灵活的数据速率分配。

尽管 OFDM 有很多优点，但仍然存在一些问题。

（1）对频偏敏感。收发两端相对运动会产生多普勒频偏，且收发频率钟源必然存在偏差，会破坏 OFDM 子载波之间的正交性，造成子信道间干扰。

（2）高峰均比。多个子信道载波的叠加，必然导致较高的峰均比。这就导致对发射功放线性度的要求较高，信号幅度一旦超出功放线性区，会使信号畸变，子载波之间的正交性遭到破坏。

长期以来，高峰均比是困扰研究和实现 OFDM 的技术难题，为此，很多技术人员做了大量的研究，但效果都不明显，其中一些方法的实现性也相当有限。为了解决这一大瓶颈问题，单载波频域均衡（single carrier-frequency domain equalization，SC－FDE）技术应运而生。SC－FDE 信号呈现单载波特性，无高峰均比问题，同时又具备多载波的频谱效率和抗多径能力。

2.1.2　SC－FDE

如图 2.2 所示，SC－FDE 的本质上仍然是多载波传输，但把发送端的快速傅里叶逆变换（inverse fast Fourier transform，IFFT）挪到接收端完成，从全系统的角度来说，整体传递函数不变，但发送端则演变为简单的单载波调制。

（1）均衡简单。SC－FDE 本质上仍是多载波处理，接收端仍然采用频域均衡，其复杂度小于时域自适应均衡。

（2）峰均比小。从图 2.2 中可很明显看出，SC－FDE 发送端为单载波调制，从而很好地解决了 OFDM 中峰均比过高的问题，对功放线性度的要求降低。

（3）抗多径干扰能力强。经过分块传输的 SC－FDE 系统，其中的 CP 及频域均衡有效克服了多径干扰。

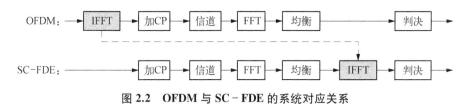

图 2.2　OFDM 与 SC – FDE 的系统对应关系

由于 SC – FDE 技术在性能上具有较多优势,其在高速宽带无线通信传输中备受青睐,采用 SC – FDE 技术是飞行器高速率通信的更优选择。

2.1.3　OFDM 和 SC – FDE 的对偶等价关系

OFDM 和 SC – FDE 的系统对应关系见图 2.2,由图可知,二者明显存在对偶等价关系,IFFT 模块位置从 OFDM 中的发送端移动至 SC – FDE 接收端,全系统总体传递函数不变,但发送端得到简化,相当于简单的单载波调制。根据前面有关 OFDM 和 SC – FDE 的概述发现:OFDM 信号需要在频域进行符号判决,SC – FDE 在时域进行符号判决;OFDM 对频偏比较敏感,SC – FDE 对时偏比较敏感;由于子载波调制,OFDM 信号在时域会出现高峰均比问题,类似地,SC – FDE 信号在频域会出现高峰均比问题。

2.2　基于 SC – FDE 的飞行器通信链路系统设计

对于飞行器通信链路,往往是返向链路需要传输图像,而且对图像幅面、分辨率的要求越来越高,对传输速率要求更高,因此本节主要以返向链路为例进行设计。基于 SC – FDE 的飞行器通信链路主要由机载发射机和地面接收机两部分组成,机载发射机包括图像数据的采集、组帧和成形滤波等;地面接收机主要包括信号的同步、均衡等部分。SC – FDE 系统的频域均衡在地面接收机部分实现,这样能够降低发送端的复杂度,减小飞行器载荷压力。

2.2.1　系统构成

基于 SC – FDE 的飞行器通信链路系统构成框图如图 2.3 所示。原始图像经过压缩、调制映射后得到发送符号 x_n,再通过串并转换将 x_n 分块,在块与块之间插入保护间隔(guard interral,GI),在多个块之间插入训练序列,再经过成形滤波、数模转换、射频发射。接收端利用训练序列进行同步和信道估计,通过 FFT,再进行频域均衡,最后进行 IFFT,完成解调判决。

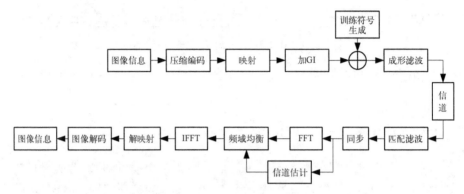

图 2.3　基于 SC－FDE 的飞行器通信链路系统构成框图

2.2.2　典型指标

本节从小型无人侦察机平台的作战需求出发,归纳典型系统参数及设计指标,如表 2.1 所示。

表 2.1　飞行器图传数据链系统参数及设计指标

参数	平台高度	1 000 m
	平台运动速度	30 m/s
	平台运动带来的最大多普勒频偏	200 Hz
	载波频率	2 GHz
	最大载波频偏	100 kHz
	码速率	2.5 Mbps
	定时同步精度	1/2 码元
指标	抗载波频偏	大于 120 kHz
	误码率性能	在信噪比大于 8 dB 时,误码率小于 10^{-5}
	最大抗多径时延	大于 10 μs

需要说明的是,载波频偏主要包括晶振的差异引起的频率误差和接收、发送端相对运动带来的多普勒频偏两部分,所以在载波最大频偏为 100 kHz 时,将抗载波频偏设置为大于 120 kHz,并留有一定裕量。

2.3　基于 SC‑FDE 的飞行器通信链路帧结构设计

SC‑FDE 系统的数据传输帧结构影响着系统整体性能和相应算法效果,合理的数据帧结构设计有助于提高数据传输效率、改善系统性能。前导块设计是帧结构设计的关键,其设计要兼顾帧同步、载波同步、位同步和信道估计等几方面。在前面已经讨论过关于采用加入特殊字(unique word,UW)的数据帧结构,UW 的选择是数据帧结构设计中首先需要考虑的问题[13,14]。

按照时间顺序给出数据帧结构各部分功能。第一个前导块的前半部分利用较多的短 UW 完成信号的到达检测,即帧同步,并利用该块对载波频偏进行粗估计。在第一块的后半部分是按 [+A, +A, -A, +A] 排列的 4 块 UW,利用 S&C 改进算法进行块同步[15],找准 FFT 的起始位置。第二个前导块主要是利用两个较长的 UW 完成信道估计和载波频偏的细估计,接下来是介质访问控制(media access control,MAC)层控制块、数据块、信道跟踪块。

2.3.1　特殊字的选取

UW 主要作为保护间隔,以及用于同步和信道估计,选择 UW 的原则主要把握以下两个因素。

(1) 具有稳定的时域、频域幅度特性,这样既能准确地反映出信道的频域信息,又不会有较大的峰均比。

(2) 具有良好的自相关特性,这样可以在同步中再利用,提高传输效率。

常用的两种序列是 CHU[16] 序列和 Frank[17] 序列,其生成式分别如下。长度为 N 的 Frank 序列由式(2.1)生成:

$$\theta(k) = 2\pi pqk^2/L,$$

$$p = 0, 1, \cdots, \sqrt{L} - 1, \quad q = 0, 1, \cdots, \sqrt{L} - 1, \quad k = p + q\sqrt{L} \quad (2.1)$$

Frank 序列不仅表现出良好的周期相关性,而且在频域上的各个频率点都是常值,所以接收端既可以利用它的周期相关性进行时域信道估计,也可以进行频域信道最小二乘(least square,LS)估计。

设长度为 N 的 CHU 的幅度为一个恒定值 A,相位由式(2.2)给出:

$$\theta(n) = \frac{\pi n^2}{N}, \quad n = 0, 1, \cdots, N-1 \qquad (2.2)$$

则长度为 N 的 CHU 序列为

$$a(n) = Ae^{j\theta(n)} = Ae^{j\pi n^2/N}, \quad n = 0, 1, \cdots, N-1 \qquad (2.3)$$

图 2.4(a)为长度为 20 的 CHU 序列的频域幅度特性图,图 2.4(b)为长度为 20 的 CHU 序列的时域幅度特性图,图 2.4(c)为长度为 20 的 CHU 序列的自相关特性图,图 2.4(d)为长度为 20 的 CHU 序列的星座图,CHU 序列在时频二维都有恒定幅度,非常适合用作 SC – FDE 信道估计的辅助序列。

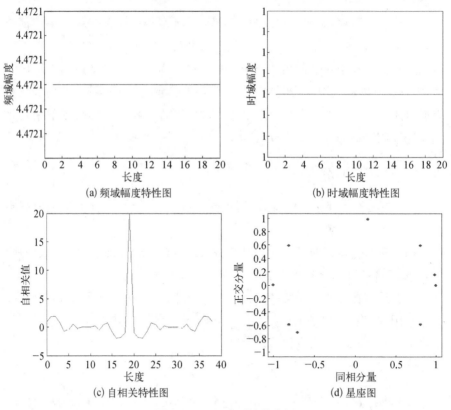

图 2.4　CHU 序列性能分析

从以上分析可以看出,Frank 序列和 CHU 序列都满足要求,然而从其生成式可以看出,CHU 序列可以是任意长度,Frank 序列要求长度必须为 k^2,所以选用 CHU 序列作为 UW 可以更方便地进行数据帧结构设计。

2.3.2　帧格式设计

帧格式设计如图 2.5 所示,采用分块传输的形式,一帧共 100 块,最前面两块为前导块 PB0 和 PB1,后面紧跟帧的 MAC 块 MB2,后面是 6 组 15 个数据块 DB 和 1 个跟踪块 TB 的组合,共计 96 块,最后预留一个数据块 RB99。

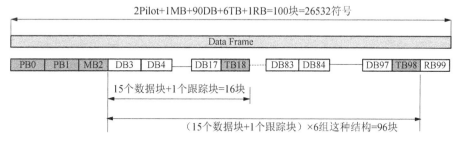

图 2.5　SC - FDE 数据帧结构图

传输效率 $\eta = 21\,728/25\,632 \times 100\% = 84.77\%$,满足传输效率大于 80% 的指标要求。

2.3.3　前导块设计

PB0 的格式如图 2.6 所示。PB0 的前 16 个 UW8 进行帧到达检测和粗频率同步,降低帧到达检测的漏警概率。4 个 UW20,按 $\{+A, +A, -A, +A\}$ 方式排列,进行帧同步检测,确保同步误差小于 1 个符号周期。PB0 的后 16 个符号的前三个为 UW8 序列的前三个值,后 13 个符号的实部为 13 位长 BAKER 码,虚部为 0,由于 BAKER 码有良好的自相关特性,将利用这 16 个符号进行精定时同步。经过 PB0 处理后,要准确同步定位到数据块的边界,同时定时和频率误差在后续处理的可接受范围内。PB0 块插入传输数据块前要将信号幅度映射到 $\{-3, +3\}$,尽量避免漏检测。BARKER 码实部为 $[-1, -1, -1, -1, -1, +1, +1, -1, -1, +1, -1, +1, -1]$,BARKER 码虚部为 $[0, 0, 0, 0, 0, 0, 0, 0, 0, 0, 0, 0, 0]$。

由于进行粗估计的 UW 长度为 8,码速率 f_{code} 为 2.5 Mbps,由 $2\pi f \Delta t \leqslant \pi$ 可得,该系统的抗载波频偏能力为 $\Delta f \leqslant \dfrac{1}{2\Delta t} = \dfrac{1}{2} \times \dfrac{1}{8} \times f_{code} = 156.25\,\text{kHz} \geqslant 120\,\text{kHz}$,满足指标要求。

PB1 负责进行信道估计,PB1 的块结构如图 2.7 所示。

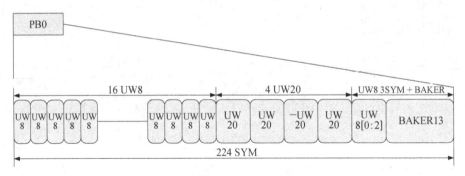

图 2.6　PB0 块结构图

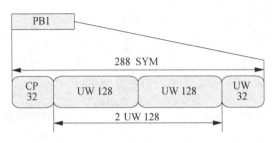

图 2.7　PB1 块结构图

由图 2.7 可知,PB1 的前面 CP32 是 UW128 的后 32 个符号,以保证进行频率信道估计时的循环特性,然后紧跟两个 UW128 块作为信道估计的数据。同时,还要利用 UW128 进行精频偏估计,以消除频率误差。在符号速率为 2.5 Mbps 的情况下,采用 32 个符号长度的 UW 作为保护间隔时,可以抵抗的最大时延为 $32/2.5 \times 10^{-6} = 12.8 \ \mu s$,适用于最大多径时延为 10 μs 的空地多径信道。

在 PB1 块插入传输数据块前要将信号幅度映射到 $\{-3, +3\}$ 区间,以提高前导能量,便于同步的初始捕获。另外,为保证数据块为 256 个符号的一致性,需要增加一个 UW32 保证 PB1 后的数据块的循环特性并保持 256 个符号的块长度。

2.3.4　数据块设计

MB2 块在 PB0 和 PB1 后,用于帧的 MAC,MAC 块负责进行链路的 MAC 或其他网络控制。MB2 要定义帧头、网络时间、源地址、目的地址、数据调制方式、信道编码模式。每个 MB2 块由 192 个 QPSK 调制符号和前后各一个 UW32 符号组成,如图 2.8 所示。

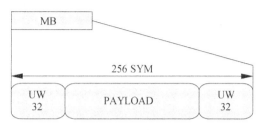

图 2.8　MB2 块结构图

MB2 后,开始数据块的传输。每个帧有两种数据块,分别表示为 DB 和 TB,其中 DB 数据块由 224 个信道符号的有效数据和一个 UW32 组成。为了进行信道跟踪,TB 块的前 32 个符号采用 UW32。DB 和 TB 的数据块结构图如图 2.9 所示。

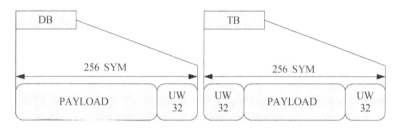

图 2.9　DB 和 TB 的数据块结构图

RB99 块为系统备用通道,用于传输低速业务数据,在具体网络中可以传输遥测或语音数据。RB99 块的格式与 DB 块相同,也是由 224 个信道符号和 1 个 UW32 符号组成。

2.3.5　特殊字设计

通过 2.3.2 节的分析比较,设计规定 UW 采用 CHU 序列:

$$I(k) = \cos[\theta(k)], \quad Q(k) = \sin[\theta(k)]$$

对于 CHU 序列:$\theta(k) = \pi k^2/L, 0 \leqslant k \leqslant L$。

这里采用 4 种长度 CHU 序列,分别是 UW8、UW20、UW32、UW128。为了降低噪声对 UW 的影响,提高信号检测概率,在发送端将前导块的特殊字幅度提高到 3。

这里规定了两种量化格式,根据具体实现情况选择使用。量化情况以 UW8 为例,其他 UW 的量化参照 UW8。

由于 UW 序列需要映射到四相移相键控(quadrature phase shift keying,

QPSK)星座,而 QPSK 星座映射时取值为{-3,+3},因此 UW 序列值要乘 3。
UW8 序列定点格式分别为 Q(8,5)和 Q(16,13)格式带符号数:

$$\text{int UW8\_8\_5}[8] = \{60+00 \text{ i} \quad 59+25 \text{ i} \quad 00+60 \text{ i} \quad a7+db \text{ i}$$
$$60+00 \text{ i} \quad a7+db \text{ i} \quad 00+60 \text{ i} \quad 59+25 \text{ i}\}$$

$$\text{int UW8\_16\_13}[8] = \{6000+0000 \text{ i} \quad 58b1+24bd \text{ i} \quad 0000+6000 \text{ i} \quad a74f+db43 \text{ i}$$
$$6000+0000 \text{ i} \quad a74f+db43 \text{ i} \quad 0000+6000 \text{ i} \quad 58b1+24bd \text{ i}\}$$

Q(8,5)定点化时,误差最大值为 0.012 6,方差为 $9.120\ 8\times10^{-5}$。Q(16,13)
定点化时,误差最大值为 $3.839\ 8\times10^{-5}$,方差为 $8.425\ 3\times10^{-10}$。

2.4 基于 SC-FDE 的飞行器通信链路频域均衡设计

频域均衡除了有不同的算法外,其均衡器结构也有多种,不同的结构对
系统误码率的影响和对资源的需求不同,需要根据具体需求,选择设计合适
的算法结构。本节在对一般的时频混合域判决反馈均衡结构进行比较的基
础上,提出一种改进算法结构,并对其性能进行仿真验证。

2.4.1 时频混合域判决反馈均衡

时频混合域判决反馈均衡结构如图 2.10 所示,接收端估计出信道状态
信息(channel state information,CSI)后,将被检测出的信息块重新映射,得到
$\hat{x}(n)$,经 FFT 得到 $\hat{X}(k)$,结合 $\hat{X}(k)$ 和 $R(k)$ 即可跟踪信道状态。

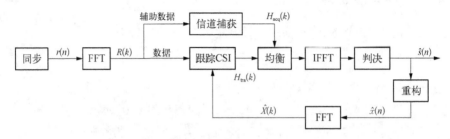

图 2.10 时频混合域判决反馈均衡结构框图

经过判决反馈,可将 CSI 信息更新为

$$H_{\text{tra}}(k) = \frac{R(k)}{\hat{X}(k)}, \quad k = 0, 1, \cdots, N-1 \tag{2.4}$$

用新的 CSI 对新收到的数据进行均衡,再对均衡后的数据进行判决,进而又根据式(2.4)更新 CSI,如此往复,最终达到均衡收敛。

2.4.2　基于 RLS 跟踪算法的改进时频混合域联合判决反馈均衡

由于空地多径信道为时变信道,而线性均衡结构无反馈结构,无法跟踪信道变化,一般的时频混合域判决反馈均衡又存在门限问题。本节针对这些问题提出基于递归最小二乘(recursive least squrae,RLS)跟踪算法的改进时频混合域联合判决反馈均衡结构(下面称为改进算法结构),除了能克服以上不足外,还增加了一些降低噪声影响的处理,只是在复杂度方面会有所提高。改进算法的总体结构如图 2.11 所示,信道估计采用 RLS 跟踪算法,但其中加入一些降噪的处理措施。信道跟踪则采用了频域判决反馈跟踪和时域噪声预测反馈跟踪结合的方法,都采用 RLS 跟踪算法,系统有更好的跟踪能力和误码率性能。

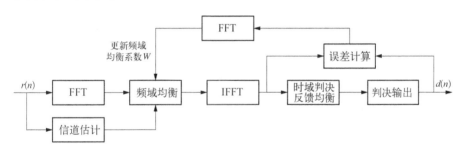

图 2.11　改进算法总体结构图

1. 算法原理结构

信道估计算法结构图如图 2.12 所示。首先将同步后的信号作 FFT,然后结合本地特殊字信息,根据均衡原理计算频域信息 H,再将 H 经 IFFT 至时域

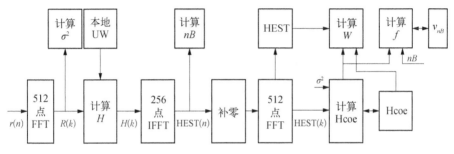

图 2.12　信道估计算法结构图

得到节点 HEST,通过 HEST 估计出参数 nB,并将 HEST 加窗补零(降低噪声影响)后经 FFT 得到 HEST,最后运用估计出的参数,经过如图 2.12 所示的处理求出频域均衡系数 W。

时域噪声预测反馈均衡如图 2.13 所示,经过 IFFT 的信号 z 先经过噪声预测,然后判决得到 d,将判决后的数据重构与 z 比较,求出误差 e,用作频域误差反馈。

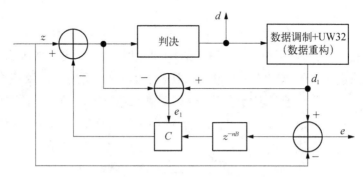

图 2.13　时域噪声预测反馈均衡算法结构图

2. 关键算法流程

信息传输速率为 2.5 Mbps,块长为 256 个符号,同步后的信号采样频率为 5 MHz,信道估计采用最小二乘算法,均衡采用最小均方误差(minimum mean squared error,MMSE)准则的时频混合域判决反馈均衡,信道跟踪采用 RLS 跟踪算法,具体算法流程如下。

1)信道估计

(1)将接收数据(每个符号 2 个采样点)的前导块 PB1 的两块 UW128 经 FFT 到频域,得到 512 点数据 $R = [R_1, R_2, \cdots, R_{512}]$,将奇数和偶数分开,得到 256 点的奇数点 $R_{odd} = [R_1, R_3, \cdots, R_{511}]$ 和 256 点的偶数点 $R_{even} = [R_2, R_4, \cdots, R_{512}]$。由于 UW128 为两块周期的特殊字,奇数点可以用来估计信道信息,而偶数点则可以用来估计噪声。

(2)将本地的 UW128 经 FFT 得到 128 点数据 X_1,$X = 2X_1$,信道估计 $H = R./[X, X]$(按点除)。

(3)H 经 IFFT 后为时域估计 HEST,将 H 的第 2×32 点之后的点置零(相当于时域加窗,降低噪声影响),并在其后补 256 个零变成 512 点(降低噪声影响),经过 FFT 得到 512 点的信道估计 HEST。

2）参数计算

（1）计算频域均衡系数 W。

$$W(l) = \begin{cases} \dfrac{\mathrm{HEST}_l^*}{|\hat{H}_k|^2 + \sigma^2} & (k, l = 1, 2, \cdots, 256) \\[4mm] \dfrac{\mathrm{HEST}_l^*}{|\hat{H}_k|^2 + \sigma^2} & (k = 1, 2, \cdots, 256; l = 257, 258, \cdots, 512) \end{cases}$$

(2.5)

式中，$|\hat{H}_k|^2 = |\mathrm{HEST}_k|^2 + |\mathrm{HEST}_{k+256}|^2$，$\quad k = 1, \cdots, 256$。

（2）时域参数 c、nB 的计算。

$$v_k = \frac{\sigma^2}{256}\mathrm{FFT}_{256}\left[\frac{1}{|\hat{H}_k|^2 + \sigma^2}\right] = \frac{\sigma^2}{256}\sum_0^{255}\frac{\exp\left(\mathrm{j}\dfrac{2\pi lk}{256}\right)}{|\hat{H}_k|^2 + \sigma^2}$$

(2.6)

$$c = -\frac{v_B}{v_0}$$

(2.7)

nB 为 $\max\limits_{1 \leqslant n \leqslant 31} |\mathrm{HEST}_n|$ 的序号，其中 $\mathrm{HEST} = [\mathrm{HEST}_1, \cdots, \mathrm{HEST}_{31}]$，为信道估计中的估算值。

（3）噪声估计。

利用信道估计得到的 R 的偶数点值 $R_{\mathrm{even}} = [R_2, R_4, \cdots, R_{512}]$ 计算噪声方差 σ^2：

$$\sigma^2 = \frac{|R_2|^2 + |R_4|^2 + \cdots + |R_{512}|^2}{256 \times 512}$$

(2.8)

3）时域判决

（1）接收数据块 r（长度为 512）经 FFT 得到 $R = \mathrm{FFT}(r)$，计算前馈均衡输出 $z = WR$，按符号速率将采样得到的 256 点频域输出 $z_1 = z(1:256) + z(257:512)$，经 IFFT 得到时域输出 $z = \mathrm{IFFT}(z_1)$。

（2）定义误差信号 e、e_1，判决输出 d，噪声预测输出 z_np，反馈部分如下。

计算 np 信号：

$$z\_np(n) = z(n) - ce(n - B)$$

(2.9)

判决：

$$d(n) = \text{Dec}[z\_np(n)] \tag{2.10}$$

计算 np 误差：

$$e_1(n) = \text{MOD}[d(n)] - z\_np(n) \tag{2.11}$$

计算前馈误差：

$$e(n) = \text{MOD}[d(n)] - z(n) \tag{2.12}$$

根据误差更新 c：

$$y = e(n - B)$$

$$K = \frac{Py^*}{\text{fde}\_\lambda + P|y|^2}$$

式中，fde_λ 为滤波参数初始值。

$$P = \frac{P}{\text{fde}\_\lambda + P|y|^2}$$

$$c = c - Ke_1(n) \tag{2.13}$$

4）频域信道跟踪

（1）误差信号经 FFT 得到 $E = \text{FFT}(e)$，对 E 和 R 进行归一化，都除以 $\sqrt{512}$。

（2）计算 K。

$$K = \frac{\text{delta}R^*}{\text{track}\_\lambda + \text{delta}|R|^2} \tag{2.14}$$

式中，track_λ 为滤波参数迭代值。

（3）计算 delta。

$$\text{delta} = \frac{\text{delta}}{\text{track}\_\lambda + \text{delta}|R|^2} \tag{2.15}$$

（4）计算 W。

$$W = W + K[E, E] \tag{2.16}$$

参数选取：$\lambda = 0.9$，delta 的初值 $= 0.01 \cdot \underbrace{1, 1, \cdots, 1}_{512\text{个}}$。

2.4.3　改进算法仿真

仿真条件:载波频率为 2 GHz,符号速率 2.5 Mbps,定时同步后的采样频率为 5 MHz,采用改进算法结构,数据映射为 QPSK,特殊字采用 CHU 序列,升余弦滤波滚降系数为 0.5,符号同步精度为 1/2 码元,其后采用 Gardner 算法作定时跟踪,载波同步采用特殊字估计的方法,最大估计范围为 156.25 kHz,载波同步后的残余频偏为 0~80 Hz,在均衡后进行载波相位跟踪处理。$E_b/N_0 = 10$ dB(其中 E_b 表示单位码元能量,N_0 表示噪声功率谱密度),采用空地信道模型。

采用改进算法结构的信号频域分析如图 2.14 所示。原始帧信号是一个无限带宽信号(为对比观察方便,采样频率均设定为 20 MHz),经过成形滤波后为一个带宽 2.5 MHz 的有限带宽信号。

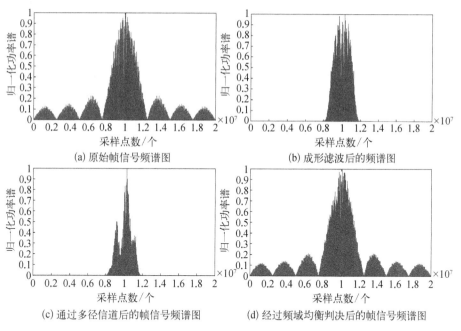

(a) 原始帧信号频谱图　　　　　　(b) 成形滤波后的频谱图

(c) 通过多径信道后的帧信号频谱图　　(d) 经过频域均衡判决后的帧信号频谱图

图 2.14　采用改进算法结构的信号频域分析

从频谱图分析可知,信号经过多径信道后,频谱发生了畸变,体现了信道的频率选择性,然而经过频域均衡补偿后,信号频谱已经接近原始帧信号频谱,这从频域上诠释了频域均衡原理,并验证了频域均衡的效果。下面将按照信号流程,从星座图的变化效果来分析各环节对信号的影响,最后从改善系统误码率性能的角度说明改进算法结构的效果。

对比图 2.15 各星座图也可以清楚看到加载波频偏、多径信道、噪声、定时误差对信号质量的影响,受到影响后的信号是完全无法判决的。然而,经

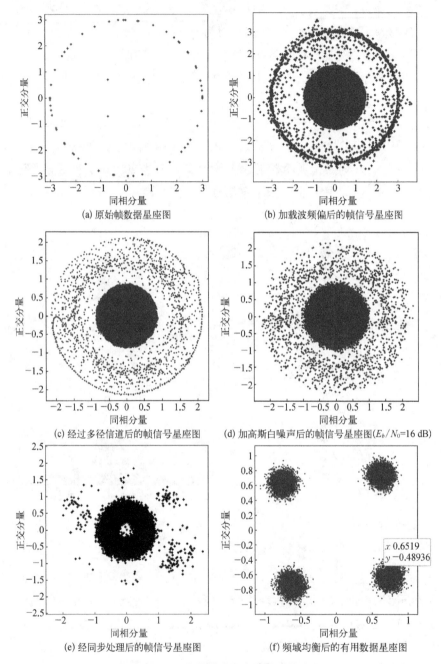

(a) 原始帧数据星座图

(b) 加载波频偏后的帧信号星座图

(c) 经过多径信道后的帧信号星座图

(d) 加高斯白噪声后的帧信号星座图(E_b/N_0=16 dB)

(e) 经同步处理后的帧信号星座图

(f) 频域均衡后的有用数据星座图

图 2.15 改进算法星座图效果仿真

过同步(载波同步、定时同步)和频域均衡后,信号星座图变得容易判决。

误码率仿真条件如下:码速率为 2.5 Mbps、采用 QPSK 映射方式。接收端频采样频率为 10 MHz,经过同步后采样频率降为 5 MHz,符号同步精度为 1/2 码元,载波同步后的残余频偏为 0~80 Hz,同信噪比条件下传输 100 帧数据,每帧 100 块。

三种算法结构的系统误码率曲线对比如图 2.16 所示,从图中可以看出,该算法结构比前两节介绍的算法结构具有更好的误码率性能。另外还可以看出,改进算法结构的误码率性能达到了设计指标(信噪比大于 8 dB 时误码率优于 10^{-5})。

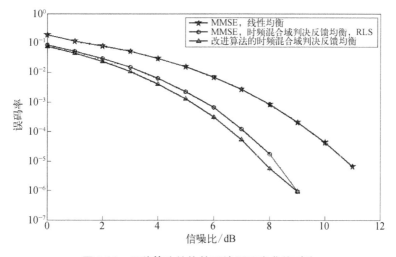

图 2.16 三种算法结构的系统误码率曲线对比

需要说明的是,仿真得出的误码率曲线都是在没有经过信道编码时得出的,如果加上信道编码,误码率性能会得到进一步改善。

2.5 基于 SC – FDE 的飞行器通信链路频域均衡实现

2.4 节提出了一种改进算法结构,并对其性能进行了仿真分析。本节将在此基础上对改进算法结构进行 FPGA 的模块化设计,然后采用 MATLAB 软件辅助产生数据源,对设计的关键模块进行图像传输性能测试,验证设计的正确性和改进算法结构的性能。

2.5.1 FPGA 实现结构

根据改进算法原理和算法流程,首先对部分算法进行优化设计,然后对其进行模块化的 FPGA 设计。如图 2.17,整个设计可以划分为同步控制器、信道估计、频域均衡、信道跟踪几个模块,由同步控制器统一协调控制其他模块的工作,这样能更有序地控制好各模块的工作情况,也便于以后参数的调整或数据帧结构的修改,使设计更加灵活。

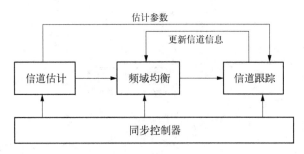

图 2.17 改进算法的 FPGA 实现结构

2.5.2 关键参数的 FPGA 优化实现

由于算法的数学表示与算法的 FPGA 实现存在一定的差别,不同的设计方法会带来不同的设计复杂度和资源开销。对数学算法进行 FPGA 设计时,优化设计是必要的,它不仅能从一定程度上降低设计的复杂度,更能降低对资源的消耗。

1. 计算 H 的优化

计算 $H = R./[X, X]$ 要使用复数除法。考虑到 FFT(UW) 的模方为定值,根据这个特点,上下分别乘以分母的共轭,即 $H = R.\mathrm{conj}\{[X, X]./([X, X]).\mathrm{conj}([X, X])\}$,可将复数除法变为复数乘法和移位运算,如式 $H = R.\mathrm{conj}([X, X])./|[X, X]|^2$。2 倍 FFT(UW128) 的模方值为 512 = 128×4。

2. 计算反馈时延 nB 的优化

使用信道时域估计 h 的 2, 4, $\cdots$, 60, 62 点进行计算(h 从 0 点开始),对应原 h_0 的 1, 2, $\cdots$, 30, 31 点,估计出来的 nB 还是在 1~31 范围内,减少了 256 次复数加法和 256 点的 IFFT 运算。比较 h 的大小时,使用模方值 $|h|^2$ 替代模值 $|h|$,减少了 31 次开平方运算。

3. 计算时域反馈系数 *f* 的优化

f 为 *v* 和 *k* 的比值，计算 *vk* 时乘的系数($\sigma^2/256$)在比值中可以约掉，所以计算 *vk* 时，可以不用乘系数($\sigma^2/256$)，减少 2 次乘法计算。

4. 增加跟踪模块参数 delta 的初始化

在第一个数据块计算跟踪模块的参数 delta 时，512 点的初始值为 0.01，每个数据块计算一次 delta，供下个数据块使用。将参数 delta 的初始化工作放在信道估计模块进行，避免在跟踪模块中判断何时初始化。

2.5.3　信道估计算法实现

信道估计是在精频偏移校正后利用接收到前导块 PB1 中的两个 UW128 序列进行信道估计，信道估计分 I、Q 两路进行（即图 2.18 中的实部和虚部）。如图 2.18 所示，白色部分为信道估计的计算模块，灰色部分为和其他模块参数交互的存储资源。

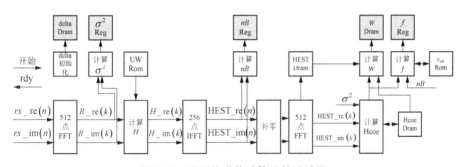

图 2.18　实现信道估计算法的设计图

1. 计算噪声方差估计 σ^2

σ^2 为 *R* 的奇频点的模方和均值再除以 512，即/256/512（奇频点实部的平方和+奇频点虚部的平方和）。将 *R* 的奇频点虚部延迟一个时钟周期，通过选择使数据线上为连续的奇频点实部、虚部，则可以使用一个乘累加单元实现求模方和，最后移位实现除法，如图 2.19 所示。

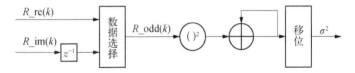

图 2.19　实现噪声方差估计的设计图

2. 计算 H

H 为 R 的偶频点乘以 $2[\text{FFT}(\text{UW}128),\text{FFT}(\text{UW}128)]$,再除以 512。取 R 的偶频点和存储器(Rom)中的值,使用 2 个乘加单元完成复数乘法,最后通过移位实现除法,设计原理如图 2.20 所示。

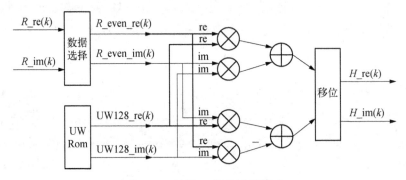

图 2.20 计算 H 的设计原理图

3. 计算反馈延时 nB

nB 为信道时域估计 H 的第 2,4,$\cdots$,60,62 点的模平方最大值的标号,再除以 2。取 H 的这 31 个点,用 1 个乘加单元实现求模方,比较当前值和前一个值的大小,若当前值大,记录新标号,设计原理如图 2.21 所示。

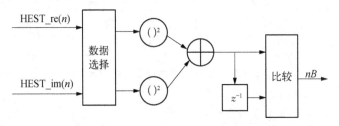

图 2.21 计算 nB 的设计原理图

4. 计算系数 Hcoe

系数 Hcoe 按式(2.17)计算:

$$\text{Hcoe} = \frac{1}{|\text{ HEST}_k|^2 + |\text{ HEST}_{k+256}|^2 + \sigma^2}, \quad k = 1, \cdots, 256 \quad (2.17)$$

先计算 HEST 前 256 点的模方与 σ^2 的和,存储到 HcoeDram 中,再计算 HEST 后 256 点的模方值与前面计算结果的和,最后求倒数,得到系数 Hcoe,同时存储到 HcoeDram 中,设计原理如图 2.22 所示。

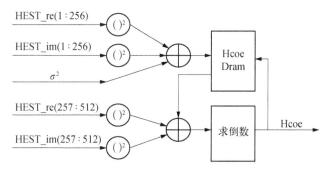

图 2.22　计算 **Hcoe** 的设计原理图

5. 计算时域反馈系数 f

时域反馈系数 f 按式（3.28）计算，原来比值前面的负号移到 v_{nB} 的式内，原来的除法分解为先求倒数再乘：

$$\begin{cases} v_0 = \dfrac{1}{\sum_{k=0}^{255} \mathrm{Hcoe}(k)} \\[2ex] v_{nB} = \sum_{k=0}^{255} \mathrm{Hcoe}(k)\left[-\exp\!\left(\mathrm{j}\dfrac{2\pi k}{256}\right) \right] \\[2ex] f = v_{nB}v_0 \end{cases} \tag{2.18}$$

v_0 的计算使用一个累加单元累加 Hcoe，再求倒数。v_{nB} 的计算使用一个乘累加单元实现，v_{nB} Rom 中存储 $-\exp\!\left(\mathrm{j}\dfrac{2\pi k}{256}\right)$（$k=0, 1\cdots, 255$），共 256 个值，使用 nBk 作为地址，在 Rom 中查值。最后使用一个乘单元计算得到 f，其设计原理如图 2.23 所示。

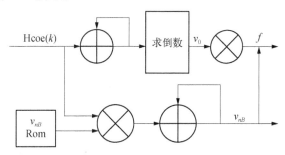

图 2.23　计算 f 的设计原理图

6. 计算信道频域均衡系数 W

系数 W 按式（2.19）计算：

$$W(k) = \mathrm{Hcoe}(k)\,\mathrm{conj}\big[\,\mathrm{HEST}(k)\,\big], \quad k = 1,\,2,\,\cdots,\,256$$
$$W(k) = \mathrm{Hcoe}(k - 256)\,\mathrm{conj}\big[\,\mathrm{HEST}(k)\,\big], \quad k = 257,\,258,\,\cdots,\,512$$
$$\tag{2.19}$$

可以直接取 Hcoe 计算输出来计算 W 前 256 点,后 256 点从 HcoeDram 中取 Hcoe 来计算。使用 2 个乘法单元分别计算 W 的实部和虚部,设计原理如图 2.24 所示。

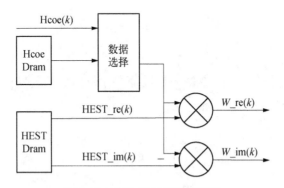

图 2.24　计算 W 的设计原理图

图 2.25 是信道估计模块数据仿真时序图。

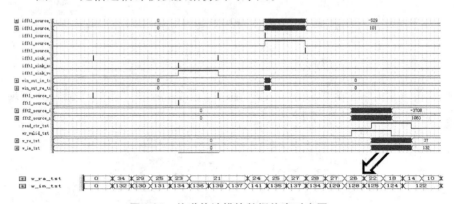

图 2.25　信道估计模块数据仿真时序图

2.5.4　频域均衡算法实现

频域均衡按照式(2.20)计算:

$$z = W(1:256)R(1:256) + W(257:512)R(257:512) \tag{2.20}$$

前 256 点的计算使用 2 个乘加单元完成,计算结果缓存到 zDram 中,后

256 点的计算使用 2 个乘加单元完成，加法器是三输入加法，从 zDram 中取出前 256 点的结果，进行加法运算。设计原理如图 2.26 所示。

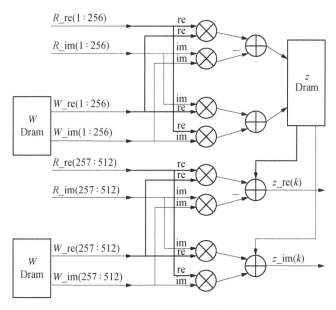

图 2.26 频域均衡算法的设计原理图

图 2.27 是频域均衡模块仿真数据时序图。

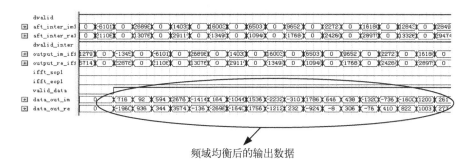

频域均衡后的输出数据

图 2.27 频域均衡模块仿真数据时序图

2.5.5 信道跟踪算法实现

1. 时域判决反馈

计算 np 信号：

$$z\_np(n) = z(n) - fe\_\text{delay} \qquad (2.21)$$

判决：

$$d(n) = \text{Dec}\big[z\_np(n)\big]$$

根据数据格式选择数据：求误差时，后 32 点使用 UW32 数据。

计算 np 误差：

$$e_1(n) = \text{MOD}\big[d(n)\big] - z\_np(n)$$

计算前馈误差：

$$e(n) = \text{MOD}\big[d(n)\big] - z(n)$$

根据误差更新 f：

$$y = e\_delay \tag{2.22}$$

$$\text{Coe} = \frac{1}{\text{fde}\_\lambda + P\,|\,y\,|^2} \tag{2.23}$$

$$K = Py^* \text{Coe} \tag{2.24}$$

$$P = P\text{Coe} \tag{2.25}$$

$$f = f - Ke_1(n), \quad n = 0, 1, \cdots, 255 \tag{2.26}$$

参数选取：$\text{fde}\_\lambda = 0.99$，$P$ 的初值为 0.01。

该部分的计算是每个数据计算一次，介绍如下。

（1）$z\_np(n)$ 的计算使用 2 个乘加单元实现，解调得到 $d(n)$。根据数据格式进行数据选择，再进行误差计算。

（2）e 的计算使用 2 个加法单元，计算结果存储到 eDram。e_1 的计算也使用 2 个加法单元。

（3）e_delay 的输出通过对 z 的地址和 nB 进行比较来判断，即对 z 的前 nB 个地址的数据进行计算，e_delay 取 0，之后开始依次从 eDram 取数。

（4）系数 Coe 的计算使用 2 个乘加单元求分母，再求倒数。

（5）K 的计算使用 2 个乘单元先求 Py^*，再使用 2 个乘单元求上一步结果和 Coe 的乘积。

（6）新 P 的计算使用 1 个乘单元求 PCoe。

（7）新 f 的计算使用 2 个乘加单元计算，加法器为三输入加法，将乘积结果和 f 的原值相加。实现设计图如图 2.28 所示，白色部分为计算模块，灰色部分为和其他模块参数交互的存储资源。

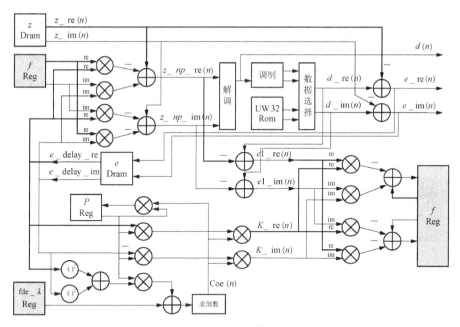

图 2.28　实现时域反馈的设计图

2. 更新频域均衡系数 W

该部分计算如下：

（1）对 E 和 R 要归一化，除以 $\sqrt{512}$。

（2）计算系数。

$$\text{Coe\_track}(k) = \frac{1}{\text{track}\_\lambda + \text{delta}(k) \mid R(k) \mid}, \quad k = 0, 1, \cdots 255$$

$$(2.27)$$

式中，$\text{track}\_\lambda = 0.9$。

（3）计算 $K(k)$。

$$K(k) = \text{delta}(k)R(k)^* \text{Coe\_track}(k), \quad k = 0, 1, \cdots, 255 \quad (2.28)$$

（4）计算 $\text{delta}(k)$。

$$\text{delta}(k) = \text{delta}(k)\text{Coe\_track}(k), \quad k = 0, 1, \cdots, 255 \quad (2.29)$$

（5）计算 W。

$$W = W + K[E, E] \quad (2.30)$$

　　该部分的计算是每块数据计算一次。系数 Coe_track 的计算使用 2 个乘加单元求分母,再求倒数。K 的计算使用 2 个乘单元先求 $\text{delta}R^*$,再使用 2 个乘单元求上一步结果和 Coe_track 的乘积。新 delta 的计算使用 1 个乘单元求 $\text{delta} \times \text{Coe\_track}$。新 W 的计算使用 2 个乘加单元计算,加法器为三输入加法,将乘积结果和 W 的原值相加。

　　FPGA 实现设计图如图 2.29 所示,其中白色部分为计算模块,灰色部分为和其他模块参数交互的存储资源。

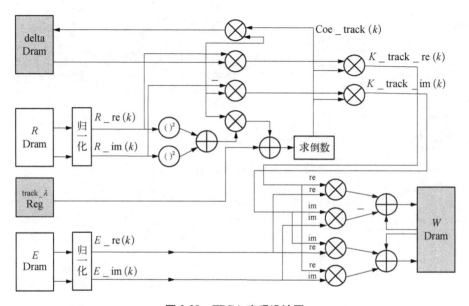

图 2.29　FPGA 实现设计图

2.6　基于 SC – FDE 的飞行器通信链路关键模块测试

2.6.1　信道估计性能测试

　　信道频域均衡系数 W 是反映信道特征信息的一个参数,本节中的信道估计测试将采用 MATLAB 软件仿真估计得出信道频域均衡系数 W,和采用 QUARTUS 软件设计的 FPGA 信道估计模块估计出的信道频域均衡系数 W 进行对比,从而验证模块设计的正确性。

1. 测试方法

采用 MATLAB 软件辅助的方法来验证所设计的关键模块性能,测试方法如图 2.30 所示。

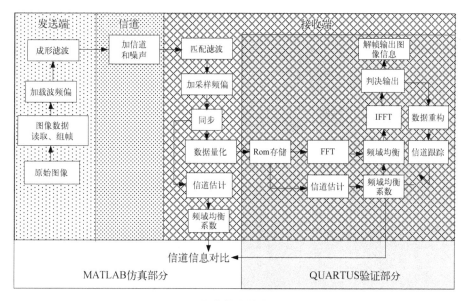

图 2.30 信道估计性能测试方法

在 MATLAB 中将经过多径信道的数据进行量化编码,并将其导入 Rom 中作为 FPGA 测试的数据源,设计模块计算完毕后,再将输出结果导入 MATLAB 中,同时在 MATLAB 中利用同组未量化的数据进行仿真运算,将得出的仿真结果与 FPGA 输出结果对比(不加信道跟踪部分),对比估计得出的信道频域均衡系数 W(此时不加入信道跟踪),就可以对设计的模块进行验证。

2. 测试条件及结果

测试条件:采用 2.3 节设计的数据帧结构,码速率为 2.5 Mbps,经过空地多径信道,采样频率为 10 MHz,经过同步(符号同步精度为 1/2 码元,载波同步后的残余频偏为 0~80 Hz)后采样频率变为 5 MHz,利用信道估计模块估计信道信息并转换为信道频域均衡系数 W,下面是分别采用 MATLAB 软件和 FPGA 设计模块计算得出的结果。

测试结果:如图 2.31 所示,图中曲线分别是由 MATLAB 软件和 FPGA 设计模块的信道估计部分,计算得出信道频域均衡系数 W 的正交分量和同相分量。图2.31(a)为MATLAB与QUARTUS的正交分量仿真结果,图2.31(b)为MATLAB与QUARTUS的同相分量仿真结果,QUARTUS导出数据是经过量化后计算出的数据,由于量化误差的存在,数值上和MATLAB数据稍有差异,但基本一致。

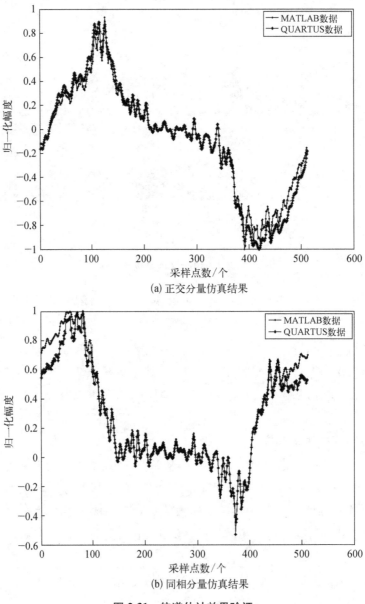

(a) 正交分量仿真结果

(b) 同相分量仿真结果

图2.31　信道估计效果验证

对比信道频域均衡系数 W 的正交分量和同相分量,不难发现,QUARTUS 验证部分计算出的信道频域均衡系数 W 与 MATLAB 计算出的信道频域均衡系数 W 的两个分量都一致,从而验证了 FPGA 设计的准确性。

2.6.2 系统误码率性能测试

采用 100 帧信号在设计模块中传输,在不同的信噪比下对系统的误码率进行测试,测试结果如表 2.2 所示。

表 2.2 系统误码率测试结果

(E_b/N_0)/dB	0	1	2	3	4	5
误码率	0.075 35	0.044 69	0.023 58	0.010 88	0.004 161	0.001 287
(E_b/N_0)/dB	6	7	8	9	10	11
误码率	0.000 308	5.1×10^{-5}	5.4×10^{-6}	9.2×10^{-7}	0	0

第3章 飞行器抗干扰通信体制

3.1 抗干扰通信体制优选分析

3.1.1 多进制直接扩频的由来

3.1.2 直接序列扩频问题分析

在衡量扩频系统的抗干扰性能时,通常引入处理增益(process gain) G_p 来描述。处理增益是指接收端伪码相关结果输出的信噪比 SNR_{out} 与相关之前的信噪比 SNR_{in} 的比值。一般来讲,对于直接序列扩频(direct sequence spread spectrum,DSSS),处理增益也是扩频后的带宽 B_{ss} 与扩频前的带宽 B_b 之比,即

$$G_p = \frac{\text{输出信号噪声功率比}}{\text{输入信号噪声功率比}} = \frac{SNR_{out}}{SNR_{in}} = \frac{\text{扩频后的带宽}}{\text{扩频前的带宽}} = \frac{B_{ss}}{B_b} \quad (3.1)$$

式(3.1)表明,处理增益 G_p 越大,系统抗干扰的能力越强。同时,G_p 与扩频后的带宽 B_{ss} 成正比,与扩频前的带宽 B_b 成反比。

直接序列扩频(为便于表示,简写为 DS)通信系统中,扩频码速率 R_c 是信息码速率 R_b 的整数倍,即 $R_c = MR_b$,其中 M 为扩频码的长度或周期,则

$$(G_p)_{DS} = \frac{B_{ss}}{B_b} = \frac{R_c}{R_b} = M \quad (3.2)$$

直接序列扩频存在以下问题。

(1)欲提升抗干扰能力,就需要相应提高处理增益,这样系统所占带宽也将随之增大。例如,若要传输 32 kbit/s 的数据,为得到 30 dB 的处理增益,扩频后的传输带宽约为 32×1 000 = 32 MHz。在频率资源日益紧张的形势下,直接序列扩频的应用势必受到限制。

（2）当系统增益要求较高时,受限于系统处理速度(相当于扩频码速率 R_c)和信道带宽(相当于扩频后的带宽 B_{ss}),数据速率严重受限,这也必然会影响直扩通信系统的应用范围。

因此,直接序列扩频系统难以满足飞行器通信链路的需求,需要采用一种能够兼顾传输速率和抗干扰能力的体制——多进制直接扩频[18-20]。

3.1.3　多进制直接扩频的基本原理

多进制直接扩频(M-ary direct spread spectrum, MDSS)是一种 (N,m) 编码,即用长度为 N 码片的伪码来表示 M bit 信息码[21],为便于表示,将其简写为 MDS。M bit 的信息码有 $M = 2^m$ 种状态,则该多进制直接扩频系统称为 M 进制直接扩频系统。用 m bit 选出一组正交扩频码,直接将选出的扩频码发射出去。M 进制直接扩频系统需要 M 条长度为 N 的相互正交的伪随机码 $C_j(j = 0, 1, \cdots, M - 1)$ 来代表 m 位信息码的 M 个状态,M 条长度为 N 的伪随机码与 m 位信息码的 M 个状态是一一对应关系[22]。

多进制直接扩频系统构成如图 3.1 所示,由于串并变换,信息码的带宽

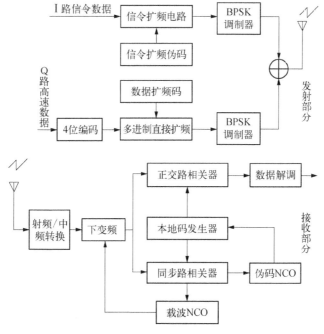

图 3.1　多进制直接扩频系统构成

NCO 表示数控振荡器

降为原来的 $1/m$,则

$$(G_p)_{\text{MDS}} = \frac{R_{cd}}{R_{bd}(1/m)} = \frac{R_{cd}}{R_{bd}}m = \frac{B_{ssd}}{B_{bd}}m \qquad (3.3)$$

式中,B_{ssd} 为多进制直接扩频系统扩频后的带宽;B_{bd} 为多进制直接扩频系统扩频前的带宽;R_{cd} 为多进制直接扩频系统扩频码的码速率;R_{bd} 为多进制直接扩频系统信息码的码速率。

3.1.4　多进制直接扩频与直接序列扩频的比较

与直接序列扩频不同,多进制直接扩频不是以逐比特为基础进行扩频的,而是以码组为基础进行扩频的。仔细观察对比式(3.2)和式(3.3),来讨论多进制直接扩频所具有的优点。

(1)若两者的扩频因子相等,即 $(G_p)_{\text{DS}} = (G_p)_{\text{MDS}}$,信息速率也相等,即 $R_b = R_{bd}$,则有

$$B_{ssd} = \frac{1}{m}B_{ss} \qquad (3.4)$$

例如,若有一个速率为 16 kbps 的数据信息需要传输,现在分别使用直接序列扩频和多进制直接扩频(设 $m=4$)进行传输,假定扩频增益均约为 30 dB(1 023)。

由表 3.1 可以看出:多进制直接扩频系统占用系统带宽资源节省了 4 倍,因此该系统在带宽资源日益紧张的现状中非常有用。

表 3.1　多进制直接扩频系统与直接序列扩频系统的占用系统带宽情况

扩频方式	信息速率/kbps	系统带宽/MHz
DS	16	16
MDS	16→4	4

注:"→"代表数据信息串并变换,即 4 bit 数据编为 1 个符号。

(2)若两者的扩频因子相等,即 $(G_p)_{\text{DS}} = (G_p)_{\text{MDS}}$,系统带宽也相同(即扩频码速率相同),即 $R_{cd} = R_c$,则有

$$R_{bd} = mR_b \qquad (3.5)$$

式(3.5)表明,采用多进制直接扩频传输系统,传输的数据速率能提高 m 倍。例如,若多进制直接扩频系统和直接序列扩频系统均占用 4 MHz 的系统带宽资源,仍假定扩频增益均约为 30 dB(1 023)。

表 3.2 多进制直接扩频系统与直接序列扩频系统的传输数据情况

扩频方式	信息速率/kbps	系统带宽/MHz
DS	4	4
MDS	16→4	4

注:"→"代表数据串并变换,即 4 bit 数据信息编为 1 个符号。

由表 3.2 可以看出:多进制直接扩频系统传输的数据速率提高了 4 倍,该系统在数据高速传输方面具有广泛的应用前景。

(3)若两者信息速率相等,即 $R_b = R_{bd}$,系统带宽也相等,即 $R_{cd} = R_c$,则有

$$(G_p)_{\text{MDS}} = m(G_p)_{\text{DS}} \tag{3.6}$$

式(3.6)表明,采用多进制直接扩频传输系统,处理增益可以扩大 m 倍,同等带宽下可获得更强的抗干扰能力。但是该系统也存在缺点,例如,由于多进制直接扩频传输系统是基于码组进行扩频的,会造成误码扩散,而直接序列扩频系统不存在此类问题。多进制每 m bit 数据编成 1 个符号,该符号用扩频码映射表示。在直接序列扩频传输系统中,假定 W0 代表数据 0,W1 代表数据 1,当在接收端将 W1 误判为 W0 时,相当于将数据 1 误判成 0,错判了 1 个 bit 位。在多进制直接扩频传输系统中,假定映射码与数据的映射关系中,W1 = 1 代表数据为 0000,W2 = 2 代表数据为 0010,W3 = 3 代表数据为 0011,W16 = 16 代表数据为 1111 等。当在接收端将 W1 误判为 W16 时,相当于将数据 0000 误判成 1111,错判了 4 个 bit 位,所以易造成连续多个码元的大片错误,相当于突发错误,这就是多进制直接扩频传输系统固有的误码扩散问题。解决多进制直接扩频传输系统中误码扩散的方法是在传输之前对数据进行交织编码。

3.2 飞行器多进制直接扩频通信链路系统模型

3.2.1 编码模型

如图 3.1 所示为多进制直接扩频系统原理框图,发射部分的上面为信令数据的扩频通道,该通道同时为下面编码扩频通道提供同步信号。发射部分的下面为高速数据编码扩频通道,在编码扩频通道,高速数据先经 4 位编码电路进行速率压缩,然后进行多进制正交扩频。经扩频后的两路基带信

号分别传送到两个 BPSK 调制器,合路后成为中频调制信号输出。

多进制直接扩频典型序列为 Walsh 序列,其编码结构如图 3.2 所示。

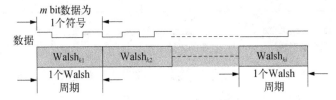

图 3.2　Walsh 码作为扩频编码

Walsh 序列采用哈达玛(Hadamard)矩阵生成:

$$H_0 = H_1 = 1, \quad H_N = H_{2K} = \begin{bmatrix} H_{2K-1} & H_{2K-1} \\ H_{2K-1} & -H_{2K-1} \end{bmatrix}, \quad K = 1, 2, \cdots \quad (3.7)$$

Walsh 序列的特点是互相关性十分理想,但自相关性较差,不利于扩频信号的检测和同步。这里采用 m 序列对 Walsh 序列加扰的方式形成复合码,可明显改善自相关性能,如图 3.3 所示。

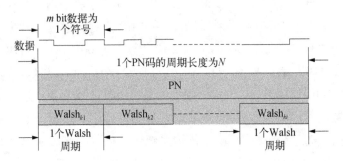

图 3.3　复合序列构成示意图

复合码的互相关表达式为

$$R_{ij}(\tau) = \int_0^T \text{WOLS}_i(t)\,\text{WOLS}_j(t - \tau)\,dt \quad (3.8)$$

式中,WOLS 代表 Walsh · m。

当同步,即本地码和接收信号的码相位差 $\tau = 0$ 时,有

$$R_{ij}(0) = \int_0^T \text{WOLS}_i(t)\,\text{WOLS}_j(t)\,dt = \int_0^T \text{Walsh}_i(t)\,\text{Walsh}_j(t)\,dt = \begin{cases} T, i=j \\ 0, i \neq j \end{cases}$$

$$(3.9)$$

当不同步,即当 $\tau \neq 0$ 时:

$$R_{ij}(\tau) = \int_0^T \mathrm{Walsh}_i(t)\, m_i(t)\, \mathrm{Walsh}_j(t-\tau)\, m_j(t-\tau)\, \mathrm{d}t = R_{\mathrm{Walsh}ij}(\tau)\, R_{mij}(\tau)$$

$$(3.10)$$

同理,对于未修正的 Walsh 码,当不同步时,相关表达式可推导为

$$R'_{ij}(\tau) = \int_0^T \mathrm{Walsh}_i(t)\, \mathrm{Walsh}_j(t-\tau)\, \mathrm{d}t = R_{\mathrm{Walsh}ij}(\tau) \qquad (3.11)$$

在上述推导基础上,通过仿真对比可以看出复合码的自相关特性也呈现出冲激函数形状,如图 3.4 所示。这种复合码兼具良好的互相关性和自相关性,用于多进制直接扩频系统,可同时保证较高数据速率和较好的检测同步性能。

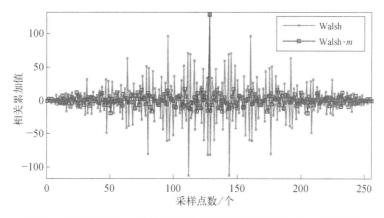

图 3.4　Walsh 码与 m 码的复合码、Walsh 码的相关特性对比仿真图

3.2.2　发送端模型

多进制直接扩频发送端框图如图 3.5 所示,关键模块包括编码扩频、正交调制等模块。先将数据进行 1~4 串/并转换,速率降低为 25%。每 4 位数据映射 1 组伪码,有 16 种映射方式,所以共需要 16 组正交码。根据这种映射关系,从 16 组正交码集合中选择 1 组发送出去,接收端检测出该组伪码,即可恢复出 4 位数据。

编码扩频部分采用 3.2.1 节的设计,这里不再重复。在发送端,同步路 m 序列与数据路的正交序列必须严格保持相位同步、频率相同,这样在接收端只对同步路的 m 序列进行同步,就能获得数据路正交码的同步。

以 QPSK 为例,调制信号表达式如下:

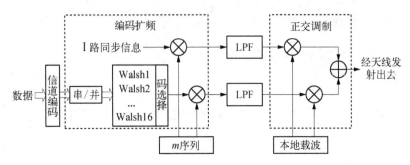

图 3.5　多进制直接扩频发送端框图

$$S = \sqrt{2P}\,\mathrm{PN}_0(t)\cos(\omega_0 t + \varphi) + \sqrt{2P}\,\mathrm{PN}_i(t)\,\mathrm{Walsh}_i(t)\sin(\omega_0 t + \varphi)$$

$$(3.12)$$

式中，PN 代表 m 序列（为方便表述，除作特殊说明外，PN 或 pn 均代表 m 序列）；P 为信号功率，取 $1/2$；ω_0 为载波角频率；φ 为调制初相。

同步路与正交路分别调制在两路正交的载波上，将频谱搬移到便于传输的中频段，相加后进行发射。

3.2.3　接收端模型

多进制直接扩频接收端框图如图 3.6 所示，主要包括同步支路和数据解调支路。

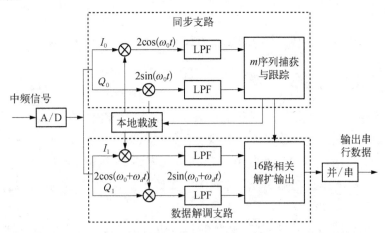

图 3.6　多进制直接扩频接收端框图

1. 下变频、滤波

发射信号经典型的无线信道后，有

$$S = \mathrm{PN}(t)\cos\big[(\omega_0 + \omega_d)t + \varphi\big]$$
$$+ \mathrm{PN}(t)\mathrm{Walsh}(t)\sin\big[(\omega_0 + \omega_d)t + \varphi\big] + n(t) \qquad (3.13)$$

式中，ω_d 为多普勒角频率；$n(t)$ 为加性高斯白噪声。

将接收到的模拟信号经 A/D 转换模块转换后，在同步支路，经两路正交的载波进行下变频、低通滤波后，变为低中频信号(具有多普勒频偏的信号)：

$$I_1(i) = S \cdot 2\cos(\omega_0 i) = \mathrm{PN}(i)\cos(\omega_d i)T_s$$
$$+ \mathrm{Walsh}(i)\mathrm{PN}(i)\sin(\omega_d i)T_s + n_I(i) \qquad (3.14)$$
$$Q_1(i) = S \cdot 2\sin(\omega_0 i) = -\mathrm{PN}(i)\sin(\omega_d i)T_s$$
$$+ \mathrm{Walsh}(i)\mathrm{PN}(i)\cos(\omega_d i)T_s + n_Q(i) \qquad (3.15)$$

式中，T_s 为采样间隔。

2. 同步路伪随机码捕获与跟踪

下变频、滤波之后，即开始同步路伪随机码捕获与跟踪。设本地码为 $\mathrm{PN}(i-\tau)$，则同步路匹配的相关结果可表示为

$$z(i) = I^2(i) + Q^2(i)$$
$$= \Big\{\sum_{i=1}^{M}\big[\mathrm{PN}(i)\mathrm{PN}(i-\tau)\big]\Big\}^2 + \Big\{\sum_{i=1}^{M}\big[\mathrm{Walsh}(i)\mathrm{PN}(i)\mathrm{PN}(i-\tau)\big]\Big\}^2$$
$$+ m(\omega_d) + N(i) \qquad (3.16)$$

式中，M 为相关长度；$m(\omega_d)$ 表示相关值受多普勒频偏的影响；$N(i)$ 表示输出噪声。

3. 数据解调支路

根据 3.2.1 节的分析可知，同步路 PN 码的相位与数据路 16 路正交码保持相对恒定，所以当同步路获得同步之后，数据路正交码也同时得到同步。利用 16 组本地正交码与接收信号进行相关运算，得到 16 个相关值，根据复合码的正交性，根据最大相关值的正交码组号，即可恢复出对应的数据。数据路输出正交运算表达式为

$$J(i) = \Big[\sum_{i=1}^{M}\mathrm{PN}(i)\mathrm{PN}(i)\mathrm{Walsh}(i)\Big]^2 + \Big[\sum_{i=1}^{M}\mathrm{Walsh}(i)\mathrm{PN}(i)\mathrm{PN}(i)\mathrm{Walsh}(i)\Big]^2$$
$$= \Big[\sum_{i=1}^{M}\mathrm{Walsh}(i)\mathrm{Walsh}(i)\Big]^2 \qquad (3.17)$$

式中，$\sum_{i=1}^{M}\mathrm{Walsh}(i) = 0$。

3.2.4 仿真分析

根据上述分析,采用加性高斯白噪声(additive white Gaussian noise, AWGN)信道模型,对两种不同编码扩频方式的误码率进行仿真,见图 3.7。其中,"Q 路 Walsh"代表采用 Walsh 码,"Q 路 PN * Walsh"代表采用复合码。由仿真曲线可知,复合码带来的误码率小于 Walsh 码。

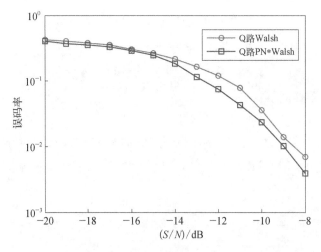

图 3.7 设计的编码结构系统与传统系统的误码率对比

在图 3.7 的基础上,再研究两种编码方式对相关峰性能的影响,多普勒频偏为 2 kHz,输入信噪比为−10 dB,仿真结果见图 3.8。

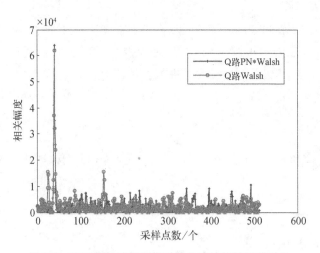

图 3.8 不同编码扩频方式对相关峰性能的影响对比

由图 3.8 可知,采用复合码进行多进制直接扩频,接收端相关值旁瓣明显小于 Walsh 码,这将有效降低"同步假锁"和"检测虚警"的概率。

3.3　飞行器多进制直接扩频通信链路快速捕获技术

3.3.1　快捕概述

根据处理域,捕获技术可以分为时域捕获技术和频域捕获技术。时域捕获都是在时域上进行分析的,主要包括滑动相关法和匹配滤波法等;一般把基于 FFT 算法的捕获技术称为频域捕获技术,常用的频域捕获算法有基于循环相关的伪码并行快捕算法、扩展复制重叠捕获搜索技术(extended replica folding acquisition search technique, XFAST)、基于部分相关的载波并行法等。

根据搜索策略,可将捕获技术分为串行捕获和并行捕获。具体来讲,可细分为伪码串行载波串行捕获、伪码串行载波并行捕获、伪码并行载波串行捕获、伪码并行载波并行捕获四种,四种方法的搜索策略如图 3.9 所示。

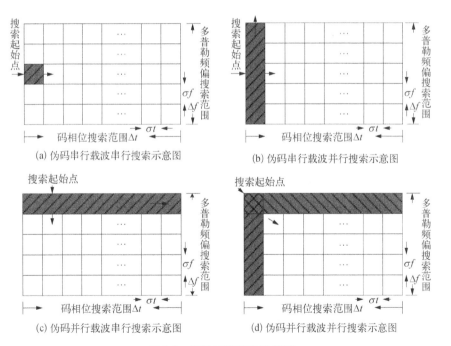

(a) 伪码串行载波串行搜索示意图　　　(b) 伪码串行载波并行搜索示意图

(c) 伪码并行载波串行搜索示意图　　　(d) 伪码并行载波并行搜索示意图

图 3.9　四种捕获策略示意图

需要说明的是,伪码串/并行搜索是指对伪码相位差的搜索,而载波串/并行搜索是指对多普勒频偏的搜索。伪码串行是指以既定步进经历多次搜索后完成对伪码相位的捕获;伪码并行是指只需通过一次搜索即可实现对伪码相位的捕获;载波串行指以既定步进经历多个频偏值的搜索,完成对载波多普勒频偏的捕获;载波并行是指只需通过一次搜索即可完成对载波多普勒频偏的搜索捕获。

捕获时间是快捕系统中重要的性能指标,主要用来评价实现方法在一定条件下进行捕获的速度。令 M 为码相位搜索次数,N 为多普勒频偏搜索次数,则图 3.9 中四种捕获方法的最大搜索次数分别为 $M \times N$、M、N、1。对于同一个通信系统,假定其他条件相同,单从捕获时间这方面考虑,捕获时间(与捕获单元数大小规律相同)遵循(a)>(b)>(c)>(d)或者(a)>(c)>(b)>(d)的规律,(b)和(c)的捕获时间由伪码相位和多普勒频偏的搜索次数决定。在选择捕获算法时,除了考虑捕获时间,还应考虑系统消耗资源、功耗、集成化可实现等情况,应对捕获时间和资源消耗程度进行折中考虑。

本章采用传统滑动相关检测[23~25]的方式,首先研究多进制直接扩频传输系统与直接序列扩频系统在信号捕获性能方面的差别,然后研究各种因素对多进制直接扩频传输系统扩频码捕获的影响。

3.3.2 快捕建模

1. 直接序列扩频捕获建模

图 3.10 是直接序列扩频系统捕获原理框图,捕获方式采用串行捕获方式,即滑动相关捕获法。

含多普勒频偏的接收信号(不考虑噪声)为

$$S(t) = D_1(t) \sqrt{2P} \, \mathrm{PN}(t) \cos\left[2\pi(f_0 + f_d)t + \varphi\right]$$
$$+ D_2(t) \sqrt{2P} \, \mathrm{PN}(t) \sin\left[2\pi(f_0 + f_d)t + \varphi\right] \quad (3.18)$$

式中,P 为信号功率;$D_i(t)$ 为数据信号;φ 为信号相位;$\mathrm{PN}(t)$ 为接收到的伪随机码信号,设其周期为 T,码片宽度为 T_c,一个周期内的码片数为 M,则有 $T = MT_c$;f_0 为发射信号的载波频率;f_d 为多普勒频偏;$f_0 + f_d$ 为接收信号的载波频率。

假设数据信号相对于扩频信号序列是缓慢变化的,即 D_i 可看作常数 1。载频多普勒对伪码捕获的影响与采样间隔 T_s 无关,这里对伪码进行单倍码速率采样,即 A/D 的采样周期等于码片宽度 T_c。信号经采样、下变频滤波后

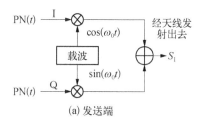

(a) 发送端

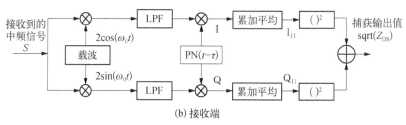

(b) 接收端

图 3.10　直接序列扩频系统捕获原理框图

的同相和正交量分别为

$$I(k) = \sqrt{2P}\,\mathrm{PN}(k)\cos(2\pi f_d T_s k + \varphi) + \sqrt{2P}\,\mathrm{PN}(k)\sin(2\pi f_d T_s k + \varphi)$$

$$(3.19)$$

$$Q(k) = -\sqrt{2P}\,\mathrm{PN}(k)\sin(2\pi f_d T_s k + \varphi) + \sqrt{2P}\,\mathrm{PN}(k)\cos(2\pi f_d T_s k + \varphi)$$

$$(3.20)$$

　　假定在 $\tau = pT_s$ 的相位差内，$\mathrm{PN}(k)\mathrm{PN}(k-p)$ 可表示为 $R_{\mathrm{PN}}(p)$，则 M 点的相关累加结果为

$$
\begin{aligned}
I_{11}(k) &= \frac{1}{M}\sum_{k=1}^{M}\big[\,I(k)\mathrm{PN}(k-p)\,\big] \\
&= \frac{1}{M}\sum_{k=1}^{M}\big[\,\sqrt{2P}\,\mathrm{PN}(k)\mathrm{PN}(k-p)\cos(2\pi f_d T_s k + \varphi)\,\big] \\
&\quad + \frac{1}{M}\sum_{k=1}^{M}\big[\,\sqrt{2P}\,\mathrm{PN}(k)\mathrm{PN}(k-p)\sin(2\pi f_d T_s k + \varphi)\,\big] \quad (3.21)
\end{aligned}
$$

$$
\begin{aligned}
Q_{11}(k) &= \frac{1}{M}\sum_{k=1}^{M}\big[\,Q(k)\mathrm{PN}(k-p)\,\big] \\
&= -\frac{1}{M}\sum_{k=1}^{M}\big[\,\sqrt{2P}\,\mathrm{PN}(k)\mathrm{PN}(k-p)\sin(2\pi f_d T_s k + \varphi)\,\big] \\
&\quad + \frac{1}{M}\sum_{k=1}^{M}\big[\,\sqrt{2P}\,\mathrm{PN}(k)\mathrm{PN}(k-p)\cos(2\pi f_d T_s k + \varphi)\,\big] \quad (3.22)
\end{aligned}
$$

经平方检波器得相关累加表达式为[26,27]

$$\sqrt{Z_{DS}} = \sqrt{I_{11}(k)^2 + Q_{11}(k)^2} = \sqrt{2}\sqrt{2P}R_{PN}(p)\left|\frac{\sin \pi f_d MT_s}{M\sin(\pi f_d T_s)}\right|$$

(3.23)

由式(3.23)可知,当载波频偏 f_d、伪码相位差 p 均为零时,输出为最大值 $\sqrt{2}\sqrt{2P} = 2\sqrt{P}$。若最大值超过设定门限值,则认为已完成同步捕获。实际应用中可能存在一定程度的载波频偏和伪码相位差,载波频偏和伪码相位差的具体影响将在后面进行研究。

2. 多进制直接扩频捕获建模

图 3.11 是多进制直接扩频系统捕获原理框图,在发送端采用 QPSK 调制方式,扩频码采用复合码,图 3.11(b)阴影部分为同步路捕获模块。

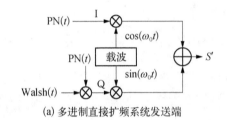

(a) 多进制直接扩频系统发送端

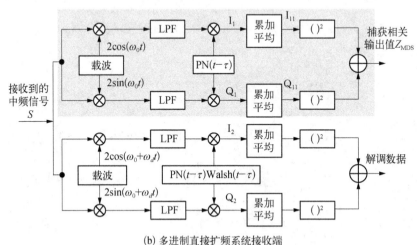

(b) 多进制直接扩频系统接收端

图 3.11 多进制直接扩频系统捕获原理框图

由多普勒频偏量的变化方式可得到含多普勒频偏的接收信号为(不考虑噪声)

$$S(t) = \sqrt{2P}\,\mathrm{PN}(t)\cos\left[2\pi(f_0 + f_d)t + \varphi\right]$$
$$+ \sqrt{2P}\,\mathrm{PN}(t)\,\mathrm{Walsh}(t)\sin\left[2\pi(f_0 + f_d)t + \varphi\right] \qquad (3.24)$$

信号经采样、下变频滤波后的同相、正交量分别为

$$I(k) = \sqrt{2P}\,\mathrm{PN}(k)\cos(2\pi f_d T_s k + \varphi)$$
$$+ \sqrt{2P}\,\mathrm{PN}(k)\,\mathrm{Walsh}(k)\sin(2\pi f_d T_s k + \varphi) \qquad (3.25)$$

$$Q(k) = -\sqrt{2P}\,\mathrm{PN}(k)\sin(2\pi f_d T_s k + \varphi)$$
$$+ \sqrt{2P}\,\mathrm{PN}(k)\,\mathrm{Walsh}(k)\cos(2\pi f_d T_s k + \varphi) \qquad (3.26)$$

同上节推导过程相同,可得

$$I_{11}(k) = \frac{1}{M}\sum_{k=1}^{M}\left[\sqrt{2P}\,\mathrm{PN}(k)\mathrm{PN}(k-p)\cos(2\pi f_d T_s k + \varphi)\right]$$
$$+ \frac{1}{M}\sum_{k=1}^{M}\left[\sqrt{2P}\,\mathrm{PN}(k)\,\mathrm{Walsh}(k)\mathrm{PN}(k-p)\sin(2\pi f_d T_s k + \varphi)\right]$$
$$(3.27)$$

$$Q_{11}(k) = \frac{1}{M}\sum_{k=1}^{M}\left[Q(k)\mathrm{PN}(k-p)\right]$$
$$= -\frac{1}{M}\sum_{k=1}^{M}\left[\sqrt{2P}\,\mathrm{PN}(k)\mathrm{PN}(k-p)\sin(2\pi f_d T_s k + \varphi)\right]$$
$$+ \frac{1}{M}\sum_{k=1}^{M}\left[\sqrt{2P}\,\mathrm{PN}(k)\,\mathrm{Walsh}(k)\mathrm{PN}(k-p)\cos(2\pi f_d T_s k + \varphi)\right]$$
$$(3.28)$$

经平方检波器得相关累加表达式为

$$\sqrt{Z_{\mathrm{MDS}}} = \sqrt{I_{11}(k)^2 + Q_{11}(k)^2} = \sqrt{2P}\sqrt{R_{\mathrm{PN}}^2(p) + R_{\mathrm{PNWOLS}}^2(p)}\left|\frac{\sin \pi f_d M T_s}{M\sin(\pi f_d T_s)}\right|$$
$$(3.29)$$

式中,WOLS 代表 PN·Walsh。

由式(3.29)知,当载波频偏 f_d、伪码相位差 p 均为零时,由于 Walsh 矩阵除了第一行外的其他行的各项和均为零,则有

$$R_{\mathrm{PNWOLS}}(0) = \sum_{k=1}^{m} \mathrm{PN}(k)\,\mathrm{PN}(k)\,\mathrm{Walsh}(k) = \sum_{k=1}^{m} \mathrm{Walsh}(k) = 0 \quad (3.30)$$

式中,Walsh 码取哈达码矩阵中除第一行外的其他行。

式(3.30)的最大输出值为 $\sqrt{2P}$。在载波频偏 f_d、伪码相位差 p 均不为零的情况下,同样在后面进行分析。

3. 捕获模型比较

由式(3.23)和式(3.29)可分别得到两种系统的捕获相关输出表达式为

$$Z_{\mathrm{DS}} = 2P[R_{\mathrm{PN}}^2(p) + R_{\mathrm{PN}}^2(p)] \left| \frac{\sin \pi f_d M T_s}{M \sin(\pi f_d T_s)} \right|^2 \quad (3.31)$$

$$Z_{\mathrm{MDS}} = 2P[R_{\mathrm{PN}}^2(p) + R_{\mathrm{PNWOLS}}^2(p)] \left| \frac{\sin \pi f_d M T_s}{M \sin(\pi f_d T_s)} \right|^2 \quad (3.32)$$

当伪码相位完全对齐时,假定多普勒频偏已在误差允许的范围内,相位完全对齐时,多进制直接扩频输出主峰值、直接序列扩频输出主峰值分别为

$$(Z_{\mathrm{DS}})_{\max} = 2P[R_{\mathrm{PN}}^2(p) + R_{\mathrm{PN}}^2(p)] \left| \frac{\sin \pi f_d M T_s}{M \sin(\pi f_d T_s)} \right|^2 = 2P \cdot 2 = 4P$$

$$(3.33)$$

$$(Z_{\mathrm{MDS}})_{\max} = 2P[R_{\mathrm{PN}}^2(p) + R_{\mathrm{PNWOLS}}^2(p)] \left| \frac{\sin \pi f_d M T_s}{M \sin(\pi f_d T_s)} \right|^2 = 2P \cdot (1 + 0) = 2P$$

$$(3.34)$$

可得

$$(Z_{\mathrm{MDS}})_{\max} = \frac{1}{2}(Z_{\mathrm{DS}})_{\max} \quad (3.35)$$

可见,多进制直接扩频传输系统的捕获输出功率降低了一半,这将使得捕获检测概率降低。从理论研究的角度可以说明:尽管多进制直接扩频传输系统具有传输数据速率高、节省系统带宽资源的优点,但是这些优点是以捕获检测概率的降低为代价的。

4. 各种因素对扩频信号捕获的影响

本节研究伪码相位差、多普勒频偏、复合码组合方式等因素对扩频信号捕获的影响。

1）伪码相位差对扩频信号捕获的影响

伪码相位差对扩频码捕获的影响呈现伪随机序列的自相关函数规律。在多普勒频偏一定的情况下,当接收码与本地码的伪码相位差为零时,相关输出为最大峰值,当伪码相位差大于一个码片时,相关输出几乎为零,如图 3.12(a)所示。

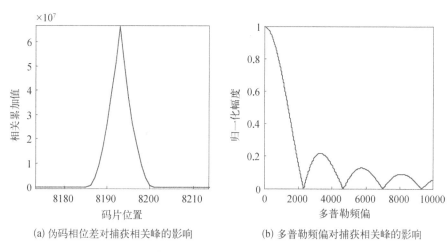

(a) 伪码相位差对捕获相关峰的影响　　　　　(b) 多普勒频偏对捕获相关峰的影响

图 3.12　伪码相位差和多普勒频偏对捕获相关峰的影响

2）多普勒频偏对扩频信号捕获的影响

多普勒频偏对扩频码捕获的影响呈现 Sa 函数包络规律,多普勒频率对相关累加结果的影响是使相关峰下降 $|Sa(\pi f_d T)|$ 倍。即便伪码相位严格对齐,多普勒频偏也会使其相关值迅速下降,如图 3.12(b)所示[28]。

伪码相位差和多普勒频偏对捕获相关结果的耦合影响其实是存在的,而当伪码相位差在一个码片之内时,由于多普勒频偏远远小于码速率,该耦合非常小,可忽略不计。因此,捕获可以从伪码相位差和多普勒频偏两方面着手,是一个二维搜索过程,这在图 3.9 中可以很清楚地看出。图 3.9 中,由码相位和多普勒频偏组成的小单元共同构成搜索栅格,所以捕获时间直接与栅格中的单元数有关。在大多普勒频偏环境或者伪码周期很长时会有大量的搜索单元,相应地会使平均捕获时间延长。因此,在硬件资源允许的情况下,考虑采用对搜索单元的并行搜索,可较好地实现快捕。

3）复合码组合方式对扩频信号捕获的影响

直接序列扩频系统中,采用 128 位的 m 码。多进制直接扩频传输系统中,128 位 m 码与 32 位 Walsh 码复合,即一个 m 序列码周期复合 4 个 Walsh 码周期,数据分析长度取一个 m 码的长度。复合码中 Walsh 码的组合不同,其实是数据路传输数据的不同映射造成的。多进制直接扩频系统中复合码的不同组合方式如图 3.13 所示,因此仿真实验中的扩频方式有六种选择:① DS 代表直接序列扩频系统;② MDS - AAAA 代表 m 序列与 4 个"均相同"的 Walsh 码复合的 16 进制扩频系统;③ MDS - ABCD 代表 m 序列与 4 个"均不同"的 Walsh 码复合的 16 进制扩频系统;④ MDS - AABB 代表 m 序列与 4 个"前两同后两同"的 Walsh 码复合的 16 进制扩频系统;⑤ MDS - AAAB 代表 m 序列与 4 个"前三同"的 Walsh 码复合的 16 进制扩频传输系统;⑥ MDS - ABAB 代表 m 序列与 4 个"一三同二四同"的 Walsh 码复合的 16 进制扩频系统。

	m码(128)			
MDS-AAAA	Walsh$_a$	Walsh$_a$	Walsh$_a$	Walsh$_a$
MDS-ABCD	Walsh$_a$	Walsh$_b$	Walsh$_c$	Walsh$_d$
MDS-AABB	Walsh$_a$	Walsh$_a$	Walsh$_b$	Walsh$_b$
MDS-AAAB	Walsh$_a$	Walsh$_a$	Walsh$_a$	Walsh$_b$
MDS-ABAB	Walsh$_a$	Walsh$_b$	Walsh$_a$	Walsh$_b$

图 3.13　多进制直接扩频传输系统中复合码的不同组合方式

不考虑噪声和多普勒频偏,设捕获精度为 1/4 chip,得到不同扩频方式下的仿真结果对比如图 3.14 所示。

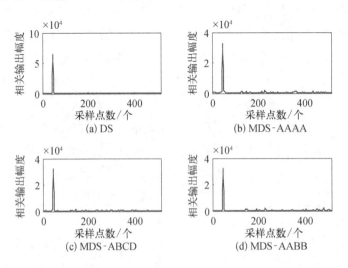

(a) DS

(b) MDS-AAAA

(c) MDS-ABCD

(d) MDS-AABB

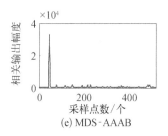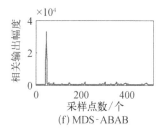

图 3.14　不同复合码组合方式下的同步路相关输出与主相关峰

由图 3.14 可以得出六种扩频方式中次相关峰值与 DS 主相关峰值的比率 r 的实验数据,如表 3.3 所示。

表 3.3　次相关峰值与 DS 主相关峰值的比率

项　目	DS	MDS-AAAA	MDS-ABCD	MDS-AABB	MDS-AAAB	MDS-ABAB
主相关峰值	65 026.746	32 782.138	32 369.125	32 411.745	32 524.3	32 573.133
次相关峰值	1 118.176	2 029.183	1 368.837	2 431.989	1 938.035	1 786.417
比　率	0.017	0.062	0.042	0.075	0.060	0.055

注:次相关值为相关输出旁瓣值中的最大值;比率是指次相关峰值与 DS 主相关峰值之比。

由表 3.3 可以看出:不同形式的 MDS 与 DS 相比,主相关峰值均降低了约一半,与 3.3.2 节的理论研究结论一致;不同形式的 MDS 比率的平均值为 0.059。由表 3.3 可以看出,MDS 的比率大致相当,且均在 0.059 左右浮动,这说明复合码中 Walsh 码的组合方式对同步路捕获性能造成的影响很小。

3.3.3　快捕方法

1. 匹配滤波法

匹配滤波法为伪码相位差串行搜索、多普勒频偏并行搜索的快捕方法,捕获策略如图 3.9(a)所示,与滑动相关法相比,其捕获时间将大大减少。

1) 基本原理

用匹配滤波计算每个采样时刻的相关值,与判决门限进行比较,若超过判决门限,输出的相关值为最大值。可将其看成一个常系数的有限脉冲响应(finite impulse response,FIR)滤波器,输入为 $x(n)$,抽头系数为 $h(n)$,则滤波器的输出为

$$y(n) = \sum_{k=0}^{M-1} x(n-k)h(k) \tag{3.36}$$

具体实现如图 3.15 所示[29]。

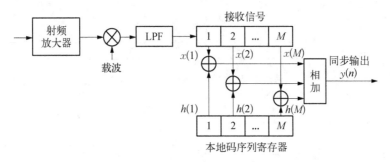

图 3.15　匹配滤波法实现过程示意图

　　匹配滤波器实质上也是相关运算器,只不过 1 h 就完成 1 次接收伪码与本地伪码的相关运算,而不用等待一个伪码周期。1 h 都进行一次相关值与门限值的比较,在一个伪码周期内能够实现收发伪码同步。

　　相对于串行滑动相关而言,采用匹配滤波器法可大大提高码相位的捕获速度,在多普勒频偏容忍范围内,最多可在两个码周期内实现伪码捕获,其缺点为运算资源消耗大,是一种用资源换取运算速度的做法,因此一般来说,可实现的匹配伪码周期不能太长,这样不易实现长伪码周期的快速捕获,因此可以将传统的匹配滤波法改进为折叠匹配滤波法[30]。

　　由匹配滤波器数学原理公式可知:

$$
\begin{aligned}
y(n) &= \sum_{k=0}^{M-1} x(n-k)h(k) \\
&= \sum_{k=0}^{N-1} x(n-k)h(k) + \sum_{k=N}^{2N-1} x(n-k)h(k) + \cdots + \sum_{k=(P-1)N}^{L-1} x(n-k)h(k)
\end{aligned}
\tag{3.37}
$$

式中, $M = NP$ 。

　　根据式(3.37),匹配滤波器的折叠结构如图 3.16 所示[31]。图 3.16 所示的折叠滤波器由 Rom 表、加法器、延时单元和保持寄存器组成,其中 M 为伪码周期长度, P 为折叠倍数, m 为加法器个数。每个抽头连接一个宽度为 1 位、深度为 P 位的 Rom,存入本地码。加法器时钟是采样时钟的 P 倍,延时单元工作在加法器时钟下,每个延时单元由 $P-1$ 级延时寄存器组成,连同加法器构成 P 级延时寄存器,共 m 个延时单元。保持寄存器也工作在加法器时钟下,由 1 级延时寄存器组成。

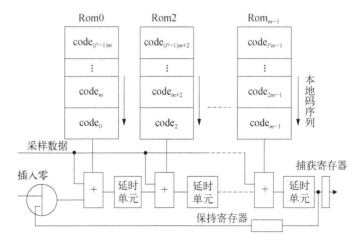

图 3.16　匹配滤波器的折叠结构

但折叠匹配滤波器对硬件资源的节省是以提高加法器的工作时钟速率为代价的,当折叠滤波器的折叠次数为 M 时,加法器的工作时钟速率是采样速率的 M 倍,所以受硬件自身性能的限制,折叠匹配滤波对硬件资源的节省是有一定限度的。但随着集成电路的发展,FPGA 的处理速度不断提高,折叠匹配滤波法对于实现多进制直接扩频传输系统的快速捕获具有很大的应用意义。

下面以传统的匹配滤波器为例,通过 MATLAB 进行仿真分析与研究。其中,在仿真流程设计中,首先对仿真流程进行设计与验证,然后重点研究多进制直接扩频传输系统和直接序列扩频系统下扩频相关峰的差别。在后续小节中,重点研究在多进制直接扩频传输系统下,扩频码的各种特性、多普勒频偏对同步路相关峰的影响,并得出相关结论。

2) 仿真设计

根据匹配滤波法的基本原理,对仿真流程进行设计,如图 3.17 所示(为简便,A/D、D/A 转换模块等部分略去,下同)。流程图中的"扩频模式选择"是指在直接序列扩频模式、不同的多进制扩频模式中切换。程序开始先选定扩频模式,然后经一系列处理,接收信号变为零中频信号后,经循环移位,不同相位状态的零中频信号与接收端相位固定的本地码进行相关累加,取其最大值进行判决,超过设定门限值即认为初捕完成,调整伪码相位差,同时记下对应的多普勒频偏值并进行牵引补偿,转入跟踪状态。若未超过门限值,步进 1 个多普勒搜索单元进行相同操作,直至超过门限值,完成捕获。

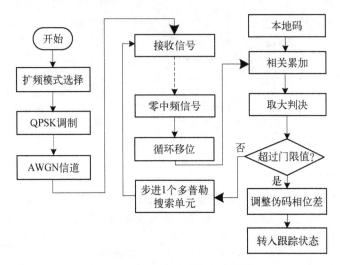

图 3.17　匹配滤波法仿真流程图

　　由 3.3.2 节的捕获建模可知,各种快捕算法在直接序列扩频系统和多进制直接扩频系统下的捕获性能是有差别的,主要体现在数据路信息的泄漏对同步路捕获的影响。而码相位差、多普勒频偏对多进制直接扩频传输系统捕获性能的影响趋势大致与直接序列扩频系统相同,这里不再重复。

　　假定仿真条件如下:m 序列长度为 128,Walsh 序列长度为 32。1 个码片间隔内采样 4 个点,即捕获精度为 1/4 chip。并且设定多普勒频偏 f_d 为 0,伪码相位差为 [21+(1/4)] chip。设多普勒搜索范围为 0~200 kHz,多普勒步进量为 4 kHz,匹配滤波仿真结果如图 3.18 所示。

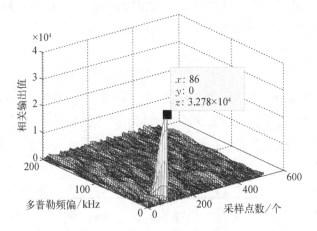

图 3.18　多进制直接扩频系统下匹配相关捕获二维搜索仿真

采用 MATLAB 仿真工具,受 MATLAB 仿真工具本身的影响,程序不存在第 0 个点,在扩频码捕获仿真过程中,即使两个扩频码在初始时刻就完全对齐,相关值的横坐标也会出现在第 1 个点处,即仿真结果图会有一个采样点向后偏移(在此说明,下面将不再赘述)。故由仿真结果图 3.19 可知,相关峰值尽管出现在第 86 个采样点,但伪码相位差应为 $(86-1)/4 = 21.25$ chip,对应的多普勒频偏为 0,与设定仿真条件相符。并且随着多普勒频偏的增大,相关输出值降低,这与 3.3.2 节得到的多普勒频偏对相关输出幅度的影响是 Sa 函数包络分布的结论是一致的。因此,本节设计的仿真流程正确。

匹配滤波法适用于低信噪比环境,图 3.20 为不同输入信噪比下的捕获结果,仿真时分别加入输入信噪比为 −10 dB 和 −20 dB 的高斯白噪声,伪码周期为 128,伪码相位搜索步进量为 1/4 chip。

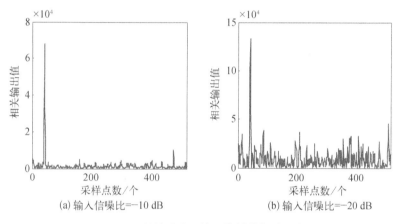

(a) 输入信噪比=−10 dB　　　　(b) 输入信噪比=−20 dB

图 3.19　低信噪比环境下的捕获相关输出

由仿真图 3.19 可以看出,在低信噪比环境下,采用匹配滤波法仍能检测出相关峰值,说明该算法适用于低信噪比的环境。

3) MDS 与 DS 捕获相关性能分析与比较

本小节对 MDS 与 DS 捕获相关性能进行仿真分析与比较。不同系统下主相关峰值的大小,以及次相关峰值(相关输出旁瓣值中的最大值)与 DS 主相关峰值的比率,会影响到扩频系统的信号捕获相关性能,因此基于这两个方面在不同系统中进行分析。

DS 和 MDS 均采用 QPSK 调制方式,伪码相位搜索步进量均为 1/4 chip,加入噪声均为加性高斯白噪声。r 代表次相关峰值与 DS 主相关峰值的比率,是通过将次相关峰值统一用 DS 的主相关峰值进行归一化而得到的。图 3.20 的主要仿真条件: DS 系统采用 128 位 m 码(127 位 m 码补零);MDS 系统同步路使用 128 位 m 码,数据路使用复合码(128 位 m 码复合 32 位 Walsh 码)。在其他仿真条件相同的情况下,MDS 与 DS 的相关输出值的结果见图 3.20。

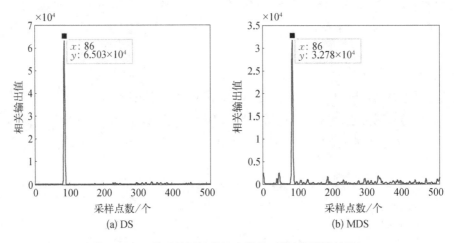

图 3.20　两种系统下相关输出值的对比(匹配滤波法)

图 3.21 中的主要仿真条件如下: DS 伪码周期为 1 024(实现方式为长度为 1 023 的 m 序列的最长 0 游程后补零,全书同此);MDS 为同步路 m 码,周期 1 024,数据路 1 024 位 m 码与 32 位 Walsh 复合。设两种系统经过相同的高斯通道,其他仿真条件相同的情况下,进行多次实验,统计得到 MDS 与 DS 的比率 r,结果见图 3.21。

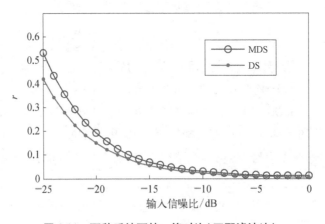

图 3.21　两种系统下的 r 值对比(匹配滤波法)

由图 3.20 可以看出,与 DS 相比,MDS 主相关峰值降低了近一半,与 3.3.2 节中的理论分析结果一致。由图 3.21 可以看出,r 值随着输入信噪比的增加而减小,这说明随着输入信噪比的增大,MDS 与 DS 的 r 值趋于一致,而 MDS 的 r 值大于 DS 的 r 值。这些情况表明:MDS 与 DS 的 r 值大致相等,在输入信噪比很低的情况下,与 DS 相比,MDS 的 r 值增大。

4) 多普勒频偏对同步路捕获相关的影响

由 3.3.2 节的数学推导可知,多普勒频偏对同步路相关峰的影响是 Sa 函数包络形式,现在通过仿真实验进一步验证。假定不考虑噪声的影响,在不同的多普勒频率点上对所有伪码相位进行搜索,得到不同多普勒频偏条件下的相关输出幅度,如图 3.22 所示,多普勒频偏对相关输出幅度影响变化趋势如图 3.23 所示。

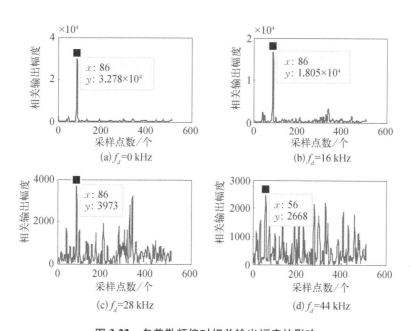

图 3.22　多普勒频偏对相关输出幅度的影响

由图 3.22 知,当多普勒频偏值 f_d 为 0 时,相关输出幅度最大,随着多普勒频偏值 f_d 的增大,输出幅度值逐渐减小,但仍能在第 86 个采样时刻正确检测出相关峰值。而当 f_d 减小到一定程度时,无法正确检测出相关峰;由仿真图 3.23 知,在无噪声的情况下,当多普勒频偏超过匹配相关器带宽 $1/MT_c$(M 为相关伪码周期长度,T_c 为码元宽度)时,采用匹配滤波法不能正确检测

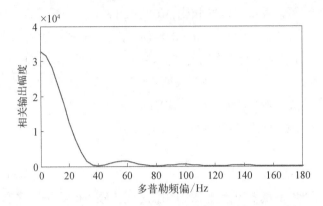

图 3.23 多普勒频偏对相关输出幅度的影响变化趋势

到峰值。

因此,多普勒频偏必须在相关器带宽($1/MT_c = 40 \text{ kHz}$)以内才能有最大峰值输出。但在实际通信环境中,信号会被噪声污染,多普勒频偏必须远远小于匹配相关器的带宽,才能准确地检测出峰值。

5)相关伪码周期长度对同步路捕获相关的影响

通过实验观察伪码周期长度对同步路相关峰的影响,由匹配相关器带宽表达式 $1/MT_c$ 可知,相关伪码周期长度决定了匹配相关器的相关长度。而根据上述分析可知,多普勒频偏的容忍值等于相关器带宽。因此,在伪码速率一定的情况下,当相关伪码周期变长时,匹配相关器带宽减小,捕获容忍的多普勒频偏也相应减小。当 $T_c = 5.12 \text{ Mchip/s}$ 时,相关伪码周期长度 M 与最大多普勒频偏容忍值的关系仿真图见图 3.24。

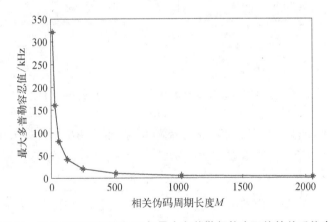

图 3.24 相关伪码周期长度 M 与最大多普勒频偏容忍值的关系仿真图

由图 3.24 可以看出,当 $M = 128$ 时,多普勒频偏最大容忍值为 $1/MT_c =$ 40 kHz;当 $M = 1\ 024$ 时,多普勒频偏最大容忍值为 $1/MT_c = 5$ kHz。伪码速率一定时,随着相关伪码周期 M 的增大,捕获所容忍的最大多普勒频偏值会降低,仿真结果与理论一致。

匹配滤波法必须是频偏在相关器带宽内时才能有峰值输出,当频偏较大时,就要启动载波捕获,将载波量调节至频偏在多普勒容忍范围内。在大多普勒频偏条件下,若采用匹配滤波法,根据多普勒频偏步进量进行串行搜索的速率相对较低,解决这一问题的办法是采用部分相关结合 FFT 的频域伪码并行快捕算法。

2. 基于循环相关的伪码并行快捕算法

基于循环相关的伪码并行快捕算法为伪码相位并行、多普勒频偏串行的搜索策略,捕获策略如图 3.9(c)所示。从搜索策略上看,该算法适用于多普勒频偏小、伪码周期很长时对扩频码的快捕。

1) 基本原理

对于周期相关伪码序列,伪码搜索相当于执行循环卷积运算,相关运算靠如下方式实现:

$$Y(m) = \sum_{n=0}^{M-1} S(n) C(n + m) = S(n) \otimes C(-n) \tag{3.38}$$

直接计算相关值 $Y(m)$,运算量正比于相关伪码周期 M 的平方。若转换到频域来计算,计算量将大幅降低,将时域的卷积等价转换到频域相乘[32],周期相关伪码序列的循环卷积结果还可表示为

$$Y(m) = \sum_{n=0}^{M-1} S(n) C(n + m) = S(n) \otimes C(-n)$$
$$= \text{IFFT}\{\text{FFT}[S(k)]\text{FFT}[C(k)]\} \tag{3.39}$$

式中,$\text{FFT}[S(k)]$ 为输入信号的频谱;$\text{FFT}[C(k)]$ 为本地伪码的频谱。

利用 FFT 算法计算循环相关的结果,可明显提高搜索速度。周期伪码序列的基于循环相关的伪码并行快捕算法实现原理如图 3.25 所示。基于循环相关的伪码并行快捕算法的基本原理[33]如下:对接收信号进行 FFT 运算,将 FFT 结果与本地伪码 FFT 结果进行复数乘法运算,再对复数乘法结果进行 IFFT 运算,最后对 IFFT 结果求模平方,并选取最大值进行检测。

在 t_n 时刻,接收到的中频信号为(仍不考虑噪声存在)

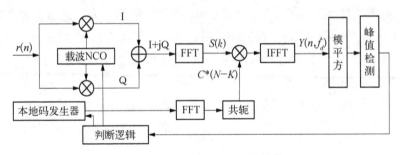

图 3.25　基于循环相关的伪码并行快捕算法原理图

$$r(n, \dot{f}_d) = \sqrt{2P} \mathrm{PN}(t_n)\cos\left[2\pi(f_0 + \dot{f}_d)t_n + \varphi\right] \qquad (3.40)$$

式中, P 为信号功率, 设为 $1/2$; $\dot{f}_d$ 为多普勒频偏的估计值; f_0 为载波频率; t_n 代表伪码序列起始时刻的估计值, 与 n 值相对应。

则

$$S(K) = \mathrm{FFT}\{r(n)\exp[-\mathrm{j}2\pi(f_0 + \dot{f}_d)]t_n\}, \quad K = 0, 1, \cdots, N-1 \qquad (3.41)$$

$$C(N-K) = \mathrm{FFT}^*\{\mathrm{PN}(t_n)\}, \quad K = 0, 1, \cdots, N-1 \qquad (3.42)$$

$$Y(n, \dot{f}_d) = \mathrm{IFFT}[S(K)C(N-K)], \quad n = 0, 1, \cdots, N-1 \qquad (3.43)$$

式中, FFT、FFT^*、IFFT 分别代表快速傅里叶变换、快速傅里叶变换的共轭、快速傅里叶逆变换。

可求得[34]

$$Y(n, \dot{f}_d) = \sum_{m=0}^{N-1} r(m)\exp[-\mathrm{j}2\pi(f_0 + \dot{f}_d)t_m]\mathrm{PN}(t_m - t_n) \qquad (3.44)$$

由式(3.43)和式(3.44)可知, 该算法是在给定 $\dot{f}_d$ 的情况下, 在同一时刻对所有伪码相位进行并行搜索。在一个多普勒频偏点上, 假如 $Y(n, \dot{f}_d)$ 模平方的最大值超过预定门限值, 则捕获成功, 用对应的 n 和 $\dot{f}_d$ 调整载波和伪码 NCO。否则, 在此频率点 $\dot{f}_d$ 的基础上变化一个多普勒频偏间隔 $\Delta\dot{f}_d$, 继续搜索。

2) 仿真设计

根据基本原理进行仿真流程设计, 如图 3.26 所示。对接收信号进行 FFT, 然后与本地码的 FFT 共轭作相关运算, 该相关过程与匹配滤波法相似, 但速度比匹配滤波法快。然后对相关值作 IFFT, 若其模平方的最大值超过设定门限值,表明信号捕获成功,此时的多普勒频率及对应的码相位即为估计值。若最大值未超过门限值,则步进 1 个多普勒搜索单元,继续搜索。

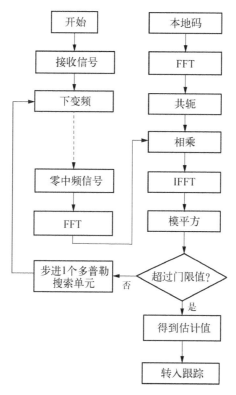

图 3.26　频域伪码并行算法流程图

设定仿真环境：码速率为 5.12 Mbps,捕获精度为 1/4 chip,伪码相位差先验值为 20 chip。仿真时设定多普勒频率的搜索范围为 0~20 kHz,改变输入信噪比 SNR 及多普勒频偏先验值 f_d,观察相关输出曲线的变化,仿真结果如图 3.27 所示。

如图 3.27(a)和(b)所示,在输入信噪比为−3 dB,多普勒频偏分别为 0 kHz 和 3.5 kHz,以及输入信噪比为−17 dB,多普勒频偏为 0 的情况下,在第 86 个采样点出现最大峰值,即伪码相位差为(86−1)/4 = 20 chip,这与先前设定的值相符,证明仿真流程设计正确。而当输入信噪比为−17 dB,多普勒频偏为 3.5 kHz 时,就不能正确检测出相关峰值,见图 3.27(c)和(d)。这说明：基于循环相关的频域伪码并行算法同样适用于低信噪比环境;但在低信噪比环境下,该算法对多普勒频偏非常敏感,不适用多普勒频偏较大的环境。

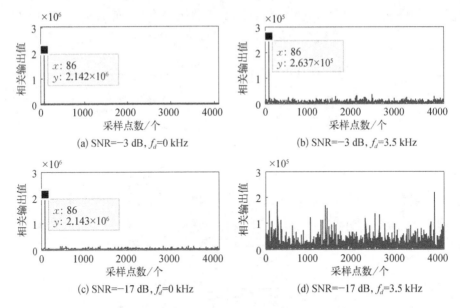

图 3.27　频域伪码并行捕获结果

3）MDS 与 DS 捕获相关性能分析与比较

本小节采用基于循环相关的伪码并行捕获算法,对 MDS 与 DS 的捕获相关性能进行仿真分析与比较。仿真条件主要如下：DS 的伪码周期为 1 024;MDS 的同步路 m 码周期为 1 024;数据路 1 024 位 m 码,与 32 位 Walsh 码复合。在其他仿真条件相同的情况下,MDS 与 DS 的相关输出值的比较见图 3.28,经过相同的高斯通道,MDS 与 DS 的 r 值对比结果见图 3.29。

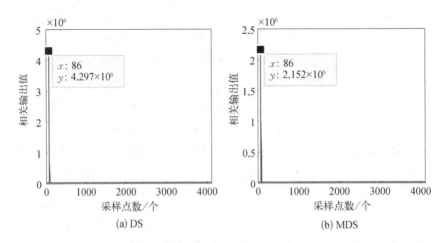

图 3.28　两种系统下相关输出值的对比(基于循环相关的伪码并行捕获算法)

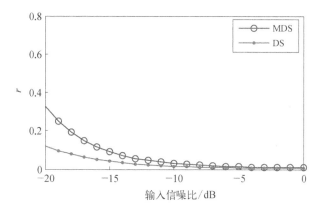

图 3.29 两种系统下 r 值的对比(基于循环相关的伪码并行快捕算法)

由图 3.28 可以看出,与 DS 相比,MDS 的主相关峰值降低了近一半。由图 3.29 可以看出,r 值随着输入信噪比的增加而减小,这说明随着输入信噪比的增大,MDS 与 DS 的 r 值趋于一致,而 MDS 的 r 值大于 DS 的 r 值,与匹配滤波法的仿真结果一致。

4)多普勒频偏对捕获相关的影响

由上述分析知,匹配滤波法适用的多普勒频率理论范围为 $0 \sim 1/MT_c$(M 为相关伪码周期长度,T_c 为码元宽度),现分析基于循环相关的伪码并行算法所适用的多普勒频率理论范围。仿真条件:相关伪码速率为 5.12 Mchip/s,伪码长度为 1 024,捕获精度为 1/4 chip,则采样点为 4 096 个。通过改变多普勒频偏,观察多普勒频偏对相关输出值的影响,如图 3.30 所示。

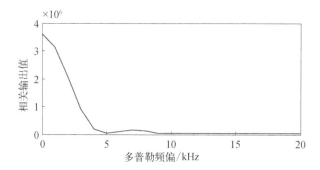

图 3.30 多进制直接扩频系统中多普勒频偏对相关输出值的影响

图 3.30 中,第一个过零点为 5 kHz,而相关器带宽为 $1/MT_c = 5.12 \times 10^6/1\,024 = 5$ kHz。与匹配滤波法相同,在理想情况下,当多普勒频偏超过 FFT 相

关器带宽 $1/MT_c$ 时,采用基于循环相关的伪码并行捕获算法不能正确检测到峰值。

5) 基于循环相关的伪码并行捕获算法带来的问题

该算法带来的第一个问题是:由于 FFT 点数较多,计算复杂度较高,必将影响捕获速度。可以对其进行优化改进:本地伪码值 FFT 共轭的输出结果不变,可以通过计算机得出 FFT 共轭结果,将其保存在存储设备中。与接收信号的 FFT 结果相乘时,可以直接相乘,不用再作 FFT 共轭。这样把两次 FFT 和一次 IFFT 的处理过程转换为一次 FFT 和一次 IFFT,从而降低算法的复杂度,也在一定程度上减小了计算量,提高了捕获速度。

第二个问题是:该算法适用于周期码序列,而对于非周期码(如 P 码)的直接捕获,若仍然利用 FFT 进行 P 码的并行搜索,捕获时间就会很长,即使采用补零[35] 的方法对其进行改进,搜索效率仍旧很低,现分析如下。

改进后的具体实现过程如下:接收并缓存 N 点数据 $S(i)$, $i=0, 1, \cdots,$ $N-1$;本地伪码数据长度为 $2N$ 点,记为 $C(i)$, $i=0, 1, \cdots, 2N-1$;对接收信号进行补零操作,执行 $y(m) = \text{IFFT}\{\text{FFT}[S(k)]\text{FFT}^*[C(k)]\}$ 运算,得相关结果 $y(m)$, $m=0, 1, \cdots, 2N-1$;取 $y(m)$ 的前 N 个点作为有效点,取模选大进行判决,仿真结果如图 3.31 所示。

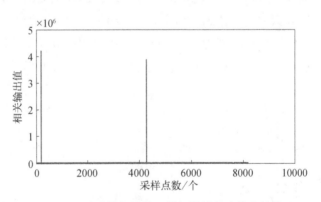

图 3.31 改进的频域伪码并行快捕算法仿真结果

取前 N 个点进行捕获判决确实可以将接收数据信息完整地保存下来,但是带来的问题是计算量明显增大,分析如下:对于周期码序列,利用 FFT 可完成 N 个点的搜索,计算量为 $\left(\frac{3}{2}N\log_2 N + N\right)$ 次复乘运算。而对于无周期的长码(如 P 码),完成 N 个点的搜索需进行 $(3N\log_2 2N + 2N)$ 次,是周期码序列的 2 倍。为了提高搜索效率,减少捕获时间,必须采用 XFAST 进行伪码相位和多普勒频率搜索。

3. XFAST

XFAST[36]是对基于循环相关的伪码并行捕获算法的改进,本节首先进行基本原理分析,重点研究扩展复制重叠的方法,并针对 XFAST 的特点,给出去除相位模糊度的具体实现方法。

1）基本原理

XFAST 的基本原理是将待搜索的本地码分段成为 M 个子段,每个子段长度为 N。然后将各子段对应相加,得到一个长度为 N 的新序列,利用该新序列作为本地码进行搜索,可以使搜索速度加快 M 倍。处理后,一个长度为 N 的子段实质上包含了 MN 点长码的信息,因此称为扩展复制重叠捕获。

对多普勒频偏的补偿,可通过对 FFT 的移位操作来完成频域多普勒搜索功能,数学表达式如下:

$$s(t)\exp(\mathrm{j}2\pi f_d t)\overset{\mathrm{FFT}}{\Longleftrightarrow}S[\mathrm{j}(f-f_d)] \tag{3.45}$$

多普勒频偏补偿的精度由 FFT 频率分辨率决定,若采样间隔为 T_s,采样点数为 N,则多普勒频偏补偿的精度为 $(1/NT_s)$ Hz。根据多普勒频偏的估计范围和步进精度可估计移位操作的次数。基于 XFAST 的伪码 FFT 法的原理框图如图 3.32 所示。

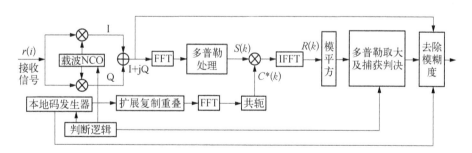

图 3.32　基于 XFAST 的伪码 FFT 法的原理框图

下面从数学描述的角度推导 XFAST 的基本原理[37,38]。设接收信号为 r_i, $1 \le i \le K$;本地码为 l_j, $1 \le j \le M$。采用 XFAST 时,接收信号保持不变,即 $K = 1$,本地信号进行折叠,即折叠段数 $M \geq 1$。不失一般性,对于任意 K、M 有

$$R = r_1 + r_2 + \cdots + r_K = \sum_{i=1}^{K} r_i$$

$$\qquad (3.46)$$

$$L = l_1 + l_2 + \cdots + l_M = \sum_{j=1}^{M} l_j$$

因此有

$$RL = \Big[\sum_{i=1}^{K} r_i \Big] \Big[\sum_{j=1}^{M} l_j \Big] = \sum_{i=1}^{\min(K,M)} (r_i, l_i) + \sum_{i=1且i\neq j}^{K} \sum_{j=1}^{M} (r_i, l_j) \quad (3.47)$$

式(3.47)等式右边第二项表示 R 与 L 互相关的旁瓣,只要伪码序列足够长,此值就小到可忽略,所以变为

$$RL = \Big[\sum_{i=1}^{K} r_i \Big] \Big[\sum_{j=1}^{M} l_j \Big] = \sum_{i=1}^{\min(K,M)} (r_i, l_i) + \sum_{i=1且i\neq j}^{K} \sum_{j=1}^{M} (r_i, l_j) \approx \sum_{i=1}^{\min(K,M)} (r_i, l_i)$$

$$\qquad (3.48)$$

XFAST 中,$K = 1$、$M \geqslant 1$,故 $RL \approx \sum_{i=1}^{\min(K,M)} (r_i, l_i) = [r_1] \Big[\sum_{j=1}^{M} l_j \Big] \approx r_1 l_1$,这就是其数学原理。

选取长度为 MN 的接收信号的任一 N 段作为分析数据,将分析数据长度降低 M 倍。将长度为 MN 的本地码分成 M 段,每段长度为 N,然后将 M 个子段对应相加,得到一个长度为 N 的新序列。扩展复制重叠实现方法如图 3.33 所示。

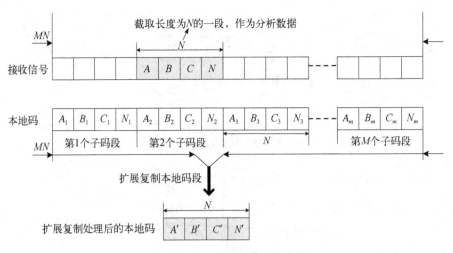

图 3.33　扩展复制重叠实现方法

选取的接收序列长度为 N，表示为 $[A, B, C, N]$，该接收序列持续时间为 $t \sim t+T$，不确定度为 Δ。本地码序列表示为 $[A_i, B_i, C_i, N_i]$，$i=1, 2, \cdots, N$，持续时间为 $t-\Delta \sim t+T+\Delta$。经过扩展复制重叠后，本地码表示为 $[A', B', C', N']$，则有

$$A' = A_1 + A_2 + \cdots + A_m$$
$$B' = B_1 + B_2 + \cdots + B_m$$
$$C' = C_1 + C_2 + \cdots + C_m$$
$$N' = N_1 + N_2 + \cdots + N_m$$

2）仿真设计

根据基本原理分析进行仿真流程设计，如图 3.34 所示。具体操作步骤：接收信号变为零中频信号，经正交双通道后，进行 A/D 采样、缓存，并选取长度为 N 的数据，形成复信号，然后作 FFT 运算，记为 S。本地码长度为 MN，经扩展复制重叠后，获得长度为 N 的新序列，并作 FFT 共轭运算，记为 C，然后根据预先设定好的多普勒频偏搜索范围，将 C 进行 $2d+1$ 次循环移位，产生 $2d+1$ 个多普勒补偿序列。接着将 S 与本地码的 $2d+1$ 个多普勒补偿序列相乘，并对结果作 FFT 运算，取模平方的最大值。若最大值超过门限值，记

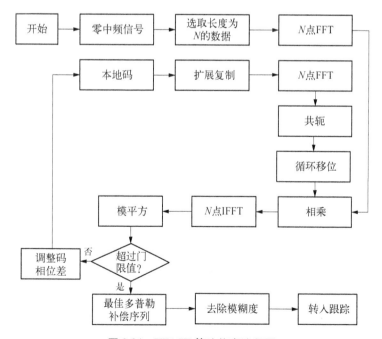

图 3.34 XFAST 算法仿真流程图

录下最大相关值所在位置,以及对应的多普勒补偿序列的频率值,再通过去除相位模糊度找出本地码子段中的哪一段与接收信号匹配。若最大值小于门限值,则重新调整本地码的相位,重复上述过程,直至完成捕获。

扩展复制重叠方法的效果如图 3.35 和图 3.36 所示。仿真条件如下:不考虑噪声及多普勒频偏的存在,伪码长度为 1 024,码速率为 5.12 Mbps,捕获精度仍选择 1/4 chip,折叠次数分别为 4 次和 8 次。

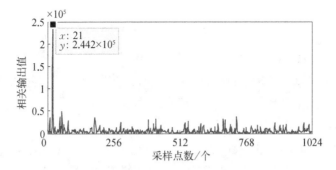

图 3.35　折叠次数为 4 时扩展复制重叠方法的效果

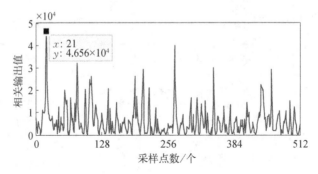

图 3.36　折叠次数为 8 时扩展复制重叠方法的效果

对比图 3.35 和图 3.36 可以看出:在折叠次数为 4 次和 8 次两种情况下,均能正确检测出相关峰值,但相关结果的噪声随折叠次数的增大而增大,这里选择 $M=4$ 进行研究。

假若考虑噪声及多普勒频偏的存在,在输入信噪比为−17 dB 的环境下,当多普勒频偏分别为 0 Hz 和 300 Hz 时的相关输出值见图 3.37。由图 3.37 可以看出,在输入信噪比为−17 dB,多普勒频偏为零时,相关输出曲线变得很差,当多普勒频偏为 300 Hz 时,已经不能检测出相关峰的位置,这说明 XFAST 算法的抗干扰及抗多普勒效应的能力很差。

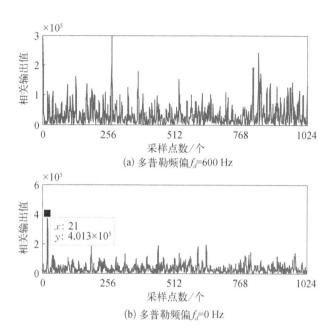

(a) 多普勒频偏 f_d=600 Hz

(b) 多普勒频偏 f_d=0 Hz

图 3.37　输入信噪比为−17 dB 时不同多普勒频偏条件下的相关输出

3）MDS 与 DS 捕获相关性能分析与比较

本小节在 XFAST 算法下比较 MDS 与 DS 的捕获性能。仿真实验中,折叠倍数 $M=4$,所用的 MDS 和 DS 系统与前面小节相同。其他仿真条件相同的情况下,MDS 与 DS 的相关输出值比较见图 3.38。其他仿真条件相同的情况下,MDS 与 DS 的 r 值比较见图 3.39。

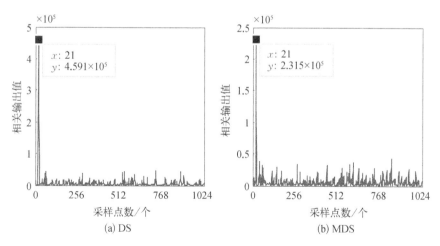

(a) DS

(b) MDS

图 3.38　两种系统下相关输出值的对比(XFAST 算法)

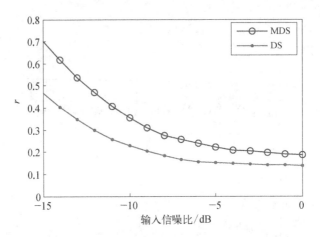

图 3.39　两种系统下 r 值的比较(XFAST 算法)

　　由图 3.38 可以看出,与 DS 相比,MDS 主相关峰值降低了近一半。由图 3.39 可以看出, r 值随着输入信噪比的增加而减小,而 MDS 的 r 值大于 DS 的 r 值,与匹配滤波法的仿真结果趋势一致。

　　4) 去除相位模糊度的方法

　　由于本地 MN 长度的码序列是叠加后的结果,检测到的相关峰值可能对应 M 个子序列中的任一个位置。因此,需将接收信号与本地码的各子码分别进行一次相关,相关结果最大的子码即为所求的子序列。设折叠次数为 4,将接收信号与本地码的 4 个子码分别进行相关运算,得到的仿真结果如图 3.40 所示。由图 3.40 可以看出,子码段 1 为去除相位模糊度后的目标码段。

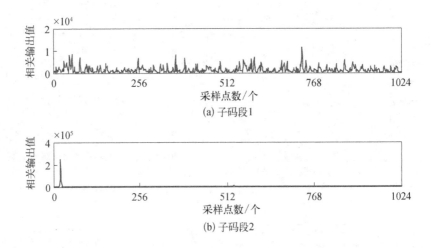

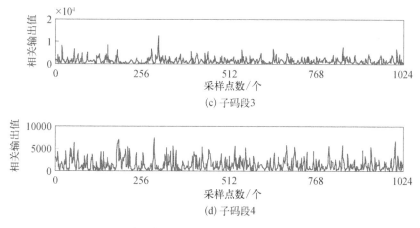

图 3.40　去除相位模糊度后各子码段的相关输出值

基于 XFAST 的伪码并行捕获算法适用于长码的快速捕获,要求码的相关性较好,这样即使截取其中一段,其自相关特性不会产生严重恶化,仍能检测到相关峰值。若码的自相关性不好,截取其中一段后,其自相关性变得更差,处理效率较低,甚至检测不到相关峰值。该方法常用于北斗、全球定位系统(global positioning system, GPS)等系统中卫星导航信号长码(如 P 码)的快速直接捕获。

3.4　飞行器多进制直接扩频通信链路关键模块设计

3.4.1　系统指标设计

根据飞行器通信链路工程需求,设计多进制直接扩频传输系统的主要技术指标如下。

(1)图像压缩后的数据速率:512 kbps。

(2)扩频方式:图像数据采用 16 进制编码扩频方式,同步指令数据采用直接序列扩频方式。

(3)扩频增益:数据扩频增益 15 dB,4~16 复合编码,捕获扩频增益 21 dB。

(4)调制体制:QPSK 调制。

(5)中频输入信号中心频率:70 MHz。

(6)中频信号占用带宽:12 MHz。

（7）输入信号载噪比≥64 dB·Hz。

（8）调制后中频信号中心频率：70 MHz。

（9）信道传输速率：1 024 kbps。

（10）图像处理与传输延迟：小于 500 ms。

（11）抗多普勒频偏：20 kHz。

（12）收发信机的频段：2.4 GHz。

（13）误码率：优于 10^{-5}。

利用上述参数对伪码速率进行计算：图像数据速率为 512 kbps，经卷积信道编码后的信道传输速率为 1 024 kbps，设计同步路扩频码长度为 128，数据路正交编码长度为 32，则伪码速率为

$$\frac{1\ 024\text{kbps}}{4} \times 32 = 8.192\ \text{Mcps}$$

从抗多径能力方面进行分析，用 Δ 表示多径散布的程度，称为时延扩展。扩频抗多径干扰的重要指标是扩频增益，可用 T_b/T_c 来表示，其中 T_b 是信息码的时宽，T_c 是伪码的时宽，在 T_b 一定的条件下，T_c 越小，处理增益越大。对于抗多径干扰，只要在 $\Delta > T_c$ 范围内，扩频增益便能有效地抑制多径的干扰。通常，市区的 Δ 值为 1~3 μs，郊区的 Δ 值为 0.2~2 μs，故要求扩频后伪码速率达 $R_c \geq 1/T_c = 1/0.2 = 5$ Mcps，现为 8.192 Mcps，满足要求。

再对信道占用的带宽进行计算：8.192×2×（0.6~0.8）=（9.83~13.11）MHz，这里取信号占用的带宽为 12 MHz。本章设计的多进制直接扩频传输系统，采用 m 码与 Walsh 码的复合序列作为多进制正交扩频序列。

3.4.2 发送端设计

1. 总体设计

发送端 FPGA 设计总体框图如图 3.41 所示，图中晶振频率可选为 65.536 MHz，这样能够直接分频产生码片时钟 AK2，为 8.192 Mcps。发送端的 FPGA 模块主要包括数据路 Q 模块和同步路 I 模块两部分，这里主要对数据路 Q 模块中的图传数据编译码模块和正交扩频模块进行设计分析。

2. 图传数据编码模块

每 4 个信息 bit 编为 1 个符号，编码后利用编码数据和正交扩频码的映射关系进行查表，对正交扩频码进行 16 选 1，方法如图 3.42 所示。

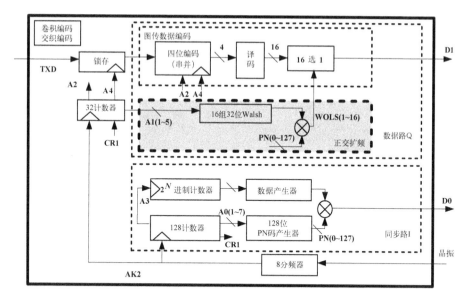

图 3.41　发送端 FPGA 总体设计框图

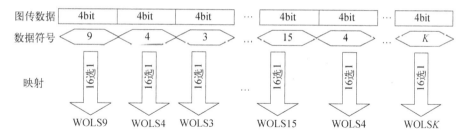

图 3.42　图传数据编码方法

3. 正交扩频模块

正交扩频模块采用第 2 章设计的编码结构方式。将 16 组 32 位 Walsh 序列与 128 位 PN 序列(127 位序列的补零序列)中的相同位数对应相乘进行复合,生成 16 组 32 位复合序列(WOLS)。图 3.43 给出了一个 PN 码周期内的编码扩频情况。

在一个 Walsh 码周期持续时间内,将 PN(0~31)分别与 16 组 32 位 Walsh1 对应相乘,产生 16 组 32 位的 WOLS。同理,将 PN(32~63)、PN(64~95)、PN(96~127)分别与 16 组 32 位 Walsh1 对应相乘,将分别产生 16 组 32 位的 WOLS。

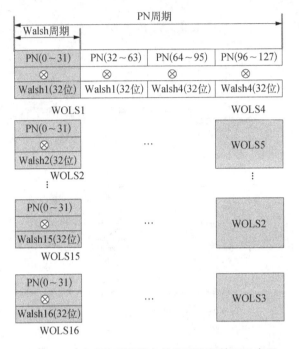

图 3.43 一个 PN 码周期内的编码扩频情况示意图

3.4.3 接收端设计

1. 总体设计

接收端 FPGA 设计总体框图如图 3.44 所示。

解扩部分接收 A/D 的中频数字信号,经数字下变频器将信号变成基带信号。基带处理首先是通过两种相关累加器:同步路相关累加器完成伪码捕获跟踪、载波捕获跟踪和同步数据的提取;数据路相关累加器完成数据的解扩与译码,解扩的数据信号经解交织电路和解纠错电路后,送至图像终端部分,进行图像数据的解压。同步路相关累加器的关键部件为快捕模块,数据路相关累加器的关键部件为 16 组 32 位相关累加器及查表单元。

结合 3.3 节快捕算法的研究,针对设计系统的指标要求,这里选择合适的快捕算法实现快捕模块。下面对快捕算法的选择进行分析:系统指标中的抗多普勒频偏为 20 kHz,伪码码长为 128,伪码速率为 8.192 Mcps。

由 3.3 节仿真分析可知,当采用匹配滤波器法、基于循环相关的伪码并行捕获算法和 XFAST 算法时,对于多普勒频偏的最大容忍值 Δf 为 64 kHz,

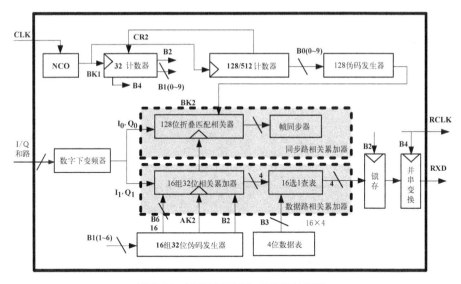

图 3.44　接收端 FPGA 总体设计框图

考虑到噪声、系统灵敏度等因素的影响,仍然能满足本系统对于抗多普勒频偏的要求。但是基于循环相关的伪码并行捕获算法和 XFAST 算法均适用于长码的捕获,在伪码长度较短时,性能不佳,因此对本系统不适用。

基于部分相关的载波并行法实现对多普勒频偏的大范围并行搜索,其算法复杂度高,运算量大,在高动态、大多普勒频偏的应用环境下具有明显的优势。

综合考虑动态特性、捕获速度、算法复杂度等因素,选择匹配滤波法可以很好地满足本系统要求。折叠匹配滤波法与匹配滤波法的捕获性能相当,其对运算速度的要求是匹配滤波法的 m 倍(m 为折叠次数),而对于硬件资源的消耗约为匹配滤波法的 $1/m$。采用所选取的 FPGA 处理芯片,经过精细设计完全可以满足折叠匹配滤波法对运算处理速度的要求,同时减少硬件的消耗。因此,这里选用折叠匹配滤波法来完成伪随机码的快速捕获任务。

2. 折叠匹配滤波模块

在接收机 FPGA 设计中采用了 4 倍折叠 128 位折叠匹配滤波器,最小数据步进为 1/2 个码片,所以折叠匹配滤波器的最小深度为 256。

1) 折叠匹配滤波器的总体设计

折叠匹配滤波的总体设计模块如图 3.45 所示。

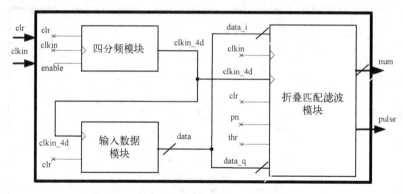

图 3.45　折叠匹配滤波的总体设计模块

图 3.45 中,时钟速率 clkin 为晶振的频率,图中主要包括四分频(fdiv4)模块、输入数据(rom_read)模块、折叠匹配滤波(fold_mat_filter)模块,其中输入数据模块来自下变频模块的输出端信号。

2) 折叠匹配滤波(fold_mat_filter)模块设计

设计一个 4 倍折叠 128 位匹配滤波器,具体实现如图 3.46 所示。

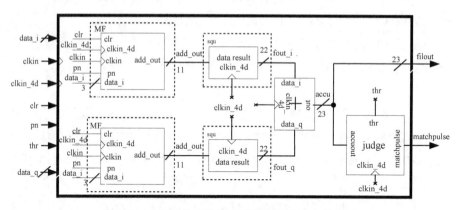

图 3.46　4 倍折叠 128 位匹配滤波器接口实现框图

4 倍折叠 128 位匹配滤波器接口实现框图中主要包括折叠匹配滤波内部结构模块、平方单元模块、加法器单元、门限判决单元。由于平方单元模块和门限判决单元模块的设计比较简单,这里不再赘述。

3) MF 模块设计

MF 模块设计如图 3.47 所示,MF 模块主要包括移位寄存器模块、异或单元模块各级加法器模块、延迟单元模块,注意事项如下。

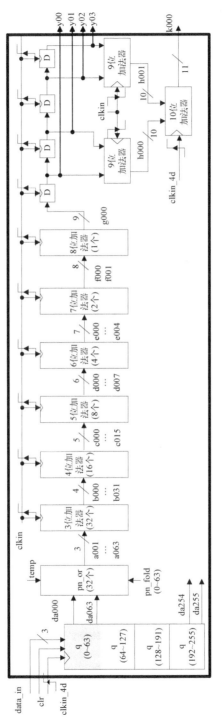

图 3.47　MF 模块设计框图

（1）4倍折叠,2倍过采样时,因为码速率为8.192 Mcps,所以接收数据速率 clkin_4d 为 8.192×2 = 16.384 MHz,时钟速率为 65.536 MHz。

（2）在程序实现中,pn 码先进行前后倒置,即框图中的 pn(0)对应 pn 码序列中的最后一位,pn(127)对应 pn 码序列中的第一位,pn 程序所选用的 pn 序列在程序中直接写出。

（3）temp 为选通信号,其值 0、1、2、3 分别对应 ds_s000~ds_s063 选通 q(0~63)、q(64~127)、q(128~191)、q(192~255);pn_fold(0~63)选通 pn(0~63)、pn(64~127)、pn(128~191)、pn(192~255)。

MF 模块设计框图中,假定在第一个时钟上升沿到来时,temp 选通 q(0~63)。y00~y03 分别为 da000~063 与 pn000~063 的子相关、da064~127 与 pn64~127 的子相关、da128~191 与 pn128~191 的子相关、da192~255 与 pn192~255 的子相关的值,k000 为整个相关周期内的总值。

4）移位寄存器(shiftreg)数据输出设计

移位寄存器模块主要对接收数据 data_in 进行存储,用于和本地码 pn_fold 进行异或运算。移位寄存器数据输出实现框图见图 3.48。

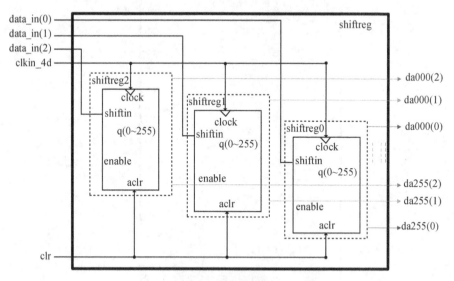

图 3.48 移位寄存器数据输出实现框图

经 QUATUS 软件编译知,折叠匹配滤波器消耗的资源为 1 750 个逻辑单元,但处理速率提高到 65.536 MHz,是普通匹配滤波器处理速率的 4 倍。

图 3.49 为 4 倍折叠 128 位匹配滤波器的捕获结果,由于采用 2 倍过采样,每半个码片进行一次移位,匹配滤波器的深度为 256。由图 3.49 可以看出 4 个相关峰,相邻两个相关峰之间的间隔为 256。由于受到残余频差的影响,相关峰的值有一定的波动,最小值约为最大值的四分之三。

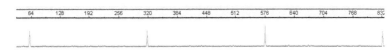

图 3.49　4 倍折叠 128 位匹配滤波器输出值

3. 数据解调模块

经过同步后的接收信号进入 16 个 32 位相关累加器通道,与本地的 16 组 32 位的 WOLS 进行相关累加运算,将 16 组相关结果送入 16 选 1 模块,然后进行最大值比较。例如,当接收信号与 WOLSi 的相关累加结果最大时,说明此时刻传送的数据为第 i 组码映射的数据,经过反映射及并串变换,即可解出数据。解数据模块 FPGA 设计图如图 3.50 所示。

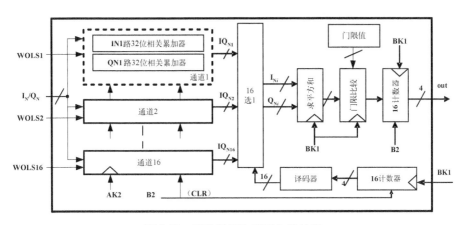

图 3.50　解数据模块 FPGA 设计图

其中,最大值比较电路的设计是重点,详细的最大值比较电路的 FPGA设计如图 3.51 所示。图 3.51 中,CKP 为码片时钟,大于 16 后的数据用 0 补充,保证不超过门限值,计数器值延迟的 CKP 个数为 3.5 个。B2 为接收符号时钟,B4 为接收数据时钟。

图 3.52 为发射信号与接收数据的示波器实测对比图。图中,上部波形是发送的数据,下部波形是解调后的数据波形,由图可以看出,发送、接收数

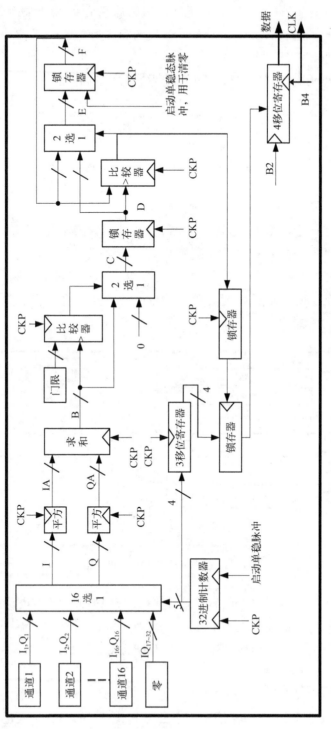

图 3.51　最大值比较电路的 FPGA 设计图

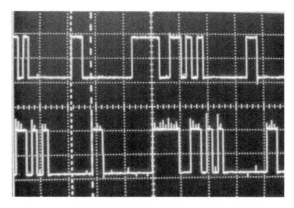

图 3.52　发射信号与接收数据的示波器实测对比图

据完全相同,接收数据相对发送数据有一定的时间延迟,大约为 100 ms,这主要是编码、解调、帧同步、信道编解码等造成的。

第4章 飞行器通信链路高效 调制解调技术

4.1 通用调制解调技术

对于飞行器通信链路系统,往往需要根据不同的应用场景切换不同的调制方式。因此,需要设计通用性强、易于扩展的调制与解调方法,实现多模式调制解调方式的兼容与集成。

4.1.1 通用调制解调模型

1. 通用正交调制模型

调制就是用调制信号去控制载波的某一个(或几个)参数,使其参数按照调制信号的变化规律进行变化,已调信号的数学表达式为

$$S(n) = A(n)\cos[\omega_c(n)n + \varphi(n)] \tag{4.1}$$

式中,$A(n)$、$\omega_c(n)$、$\varphi(n)$分别为载波的振幅、频率、相位。

如果$A(n)$随调制信号进行变化,就是振幅调制;如果$\omega(n)$随调制信号进行变化,就是频率调制;如果$\varphi(n)$随调制信号进行变化,就是相位调制。

将式(4.1)展开如下:

$$S(n) = X_I(n)\cos[\omega_c(n)n] - X_Q(n)\sin[\omega_c(n)n] \tag{4.2}$$

式中,

$$X_I(n) = A(n)\cos[\varphi(n)] \tag{4.3}$$

$$X_Q(n) = A(n)\sin[\varphi(n)] \tag{4.4}$$

$X_I(n)$和$X_Q(n)$分别为同相分量和正交分量,从其表达式可以知道,同相分量和正交分量直接包含了已调信号的幅度和相位信息。实际上,频率和相

位有着严格的对应关系,即已知相位差分(求导)便可得频率,所以无论采用什么样的调制方式,同相分量和正交分量都包含了原调制信号的所有信息。

由以上分析可知,所有调制方式都可以由通用正交调制模型来实现,如图 4.1 所示。调制数据输入正交信号产生模块,产生相应的同相、正交分量,再送入所有方式共用的上变频模块,得到调制信号。

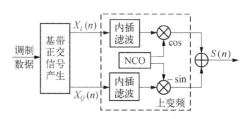

图 4.1　通用正交调制模型

2. 通用正交解调模型

无论是幅度、频率还是相位调制,"寄生"在已调信号中的调制信息均可通过同相分量和正交分量来获得。在接收端,用本地载波 $\cos[\omega_c(n)n]$ 和 $\{-\sin[\omega_c(n)n]\}$ 分别与 $S(n)$ 相乘可得

$$S(n)\cos[\omega_c(n)n] = \{X_I(n)\cos[\omega_c(n)n] - X_Q(n)\sin[\omega_c(n)n]\}$$
$$\cos[\omega_c(n)n]$$
$$= \frac{1}{2}X_I(n) + 高频分量 \tag{4.5}$$

$$S(n)\{-\sin[\omega_c(n)n]\} = \{X_I(n)\cos[\omega_c(n)n] - X_Q(n)\sin[\omega_c(n)n]\}$$
$$\{-\sin[\omega_c(n)n]\}$$
$$= \frac{1}{2}X_Q(n) + 高频分量 \tag{4.6}$$

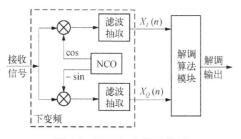

图 4.2　通用正交解调模型

滤除高频分量,并抽取降速,即可得所需的同相、正交分量,这一过程就是下变频。再经过解调算法模块,即可得解调数据,图 4.2 为通用正交解调模型。

综上所述,理论上采用通用正交调制解调模型可实现任何方式的调制与解调,这种方法不同于传统的一种调制方式对应一套硬件电路的方法,具备修改简单、兼容性好等优点,能够实现各种调制方式共享的硬件平台,满足软件无线电通用化、软件化的要求。

4.1.2 通用调制技术实现

基于图 4.1 所示的通用正交调制模型,给出调制部分总体实现框图,如图 4.3 所示。调制数据输入基带正交信号产生模块,此模块包含了所需的幅度调制(amplitude modulation,AM)、频率调制(frequency modulation,FM)、差分二进制相移键控(differential binary phase shift keying,DBPSK)、差分正交相移键控(differential quadrature phase shift keying,DQPSK)四种基带正交信

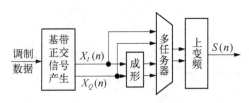

图 4.3 调制部分总体实现框图

号产生算法,通过选用不同的基带正交信号产生算法来确定相应的调制方式,然后由一级多任务器来选择其输出的同相分量 $X_I(n)$ 和正交分量 $X_Q(n)$ 是否经过成形滤波,多任务器的输出进入所有调制方式共用的上变频模块,最终得到调制信号 $S(n)$。下面详细讨论各模块的实现。

1. 基带正交信号产生模块的实现

不同的调制方式对应不同的基带正交信号产生算法,要实现多模式调制,就必须把各种基带正交信号产生算法融合在一个模块中,以供随时切换或调用。下面重点讨论四种常用调制方式的基带正交信号产生算法。

1)AM

AM 信号的特征是载波的振幅随调制信号呈线性变化,其表达式为

$$S_{\mathrm{AM}}(n) = [A_0 + x(n)]\cos(\omega_c n) \qquad (4.7)$$

式中,A_0 为外加直流分量;$x(n)$ 为调制信号;ω_c 为载波频率。

需满足的条件是 $A_0 + x(n) \geq 0$,这样包络与调制信号 $x(n)$ 才能呈线性关系,否则会出现过调制现象,已调制包络会失真。

AM 调制的同相、正交分量分别为

$$X_I(n) = A_0 + x(n) \qquad (4.8)$$

$$X_Q(n) = 0 \qquad (4.9)$$

AM 基带正交信号产生子模块由 FPGA 实现,如图 4.4 所示。

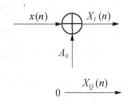

图 4.4 AM 基带正交信号产生子模块的 FPGA 实现

2）FM

FM 信号的特征是载波的瞬时频率随调制信号呈线性变化,其表达式为

$$S_{\mathrm{FM}}(n) = A\cos\left[\omega_c n + K_{\mathrm{FM}}\sum_{m=0}^{n} v_{\Omega}(m)\right]$$

$$= A\cos(\omega_c n)\cos\left[K_{\mathrm{FM}}\sum_{m=0}^{n} v_{\Omega}(m)\right] - A\sin(\omega_c n)\sin\left[K_{\mathrm{FM}}\sum_{m=0}^{n} v_{\Omega}(m)\right]$$

$$= A\cos(\omega_c n)\cos\left[\Phi(n)\right] - A\sin(\omega_c n)\sin\left[\Phi(n)\right] \tag{4.10}$$

式中,$v_{\Omega}(m)$ 为调制信号;K_{FM} 为频偏常数;$\Phi(n) = K_{\mathrm{FM}}\sum_{m=0}^{n} v_{\Omega}(m)$。

同相、正交分量分别为

$$X_I(n) = A\cos\left[\Phi(n)\right] \tag{4.11}$$

$$X_Q(n) = A\sin\left[\Phi(n)\right] \tag{4.12}$$

可见,要得到 $X_I(n)$、$X_Q(n)$,需对调制信号进行累加,再取余弦和正弦,等效于让调制信号经过一个 NCO。进入 NCO 之前要乘比例因子 $K = 2^N K_{\mathrm{FM}}/f_{\mathrm{in}}$,其中 N 为 NCO 频率控制字的宽度,f_{in} 为 NCO 的输入频率。FM 基带正交信号产生子模块的 FPGA 实现如图 4.5 所示。

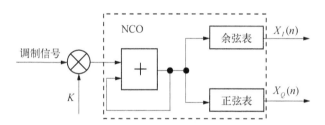

图 4.5　FM 基带正交信号产生子模块的 FPGA 实现

3）DBPSK、DQPSK

DBPSK、DQPSK 信号的特征是前后相邻码元的相对载波相位由调制数据决定,其表达式为

$$S_{\mathrm{PSK}}(n) = A\cos\left[\omega_c n + \varphi_{\mathrm{mod}}(n)\right]$$

$$= A\cos\left[\varphi_{\mathrm{mod}}(n)\right]\cos(\omega_c n) - A\sin\left[\varphi_{\mathrm{mod}}(n)\right]\sin(\omega_c n) \tag{4.13}$$

式中,$\varphi_{\mathrm{mod}}(n)$ 为调制相位,对于 DBPSK,$\varphi_{\mathrm{mod}}(n) = 0$、$\pi$,对于 DQPSK,$\varphi_{\mathrm{mod}}(n) = (2m+1)\pi/4 (m = 0$、$1$、$2$、$3)$。

分别对 $A\cos\left[\varphi_{\mathrm{mod}}(n)\right]$ 和 $A\sin\left[\varphi_{\mathrm{mod}}(n)\right]$ 取符号即可作为同相和正交分

量。无论是 DBPSK 还是 DQPSK,对调制数据进行差分编码得到的相对码和 $\varphi_{mod}(n)$ 有一一对应的关系,所以对调制数据进行差分编码、映射即可得同相、正交分量。DBPSK、DQPSK 基带正交信号产生子模块的 FPGA 实现如图 4.6 所示。

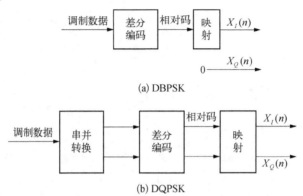

(a) DBPSK

(b) DQPSK

图 4.6   DBPSK、DQPSK 基带正交信号产生子模块的 FPGA 实现

综上所述,将 AM、FM、DBPSK、DQPSK 四种方式融于一体的基带正交信号产生模块实现框图如图 4.7 所示。解多任务器将调制数据送往当前方式对应的基带正交信号产生子模块,多任务器从四个子模块的输出中选

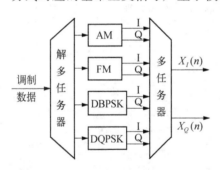

图 4.7   将四种方式融于一体的基带正交信号产生模块实现框图

择与当前方式对应的一组,作为输出。调制部分所具备的多模式和可扩展的特点主要体现在这个模块,可以将其他调制方式的基带正交信号产生算法编成数字信号处理(digital signal processing,DSP)程序子模块或 FPGA 电路子模块,建立一个算法库,以便随时将所需的基带正交信号产生算法嵌入此模块。

2. 上变频模块的实现

一般来说,FPGA 的时钟源频率不超过 100 MHz,需经过 FPGA 内部的锁相环倍频至 100 MHz 以上的高速时钟,作为调制部分的主时钟,通过 NCO 在主时钟的推动下输出所需的各种频率时钟。上变频模块输入信号的采样率远低于上变频的采样率,需经过若干级半带内插或级联积分梳状(cascaded integrator comb,CIC)内插来提高采样率。上变频模块的实现框图如图 4.8 所示。

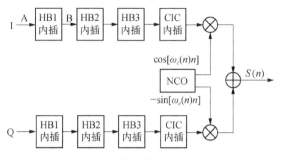

图 4.8　上变频模块实现框图

先来讨论半带滤波器的 FPGA 实现。以第一级半带滤波器 HB1(11 阶)为例,利用 MATLAB 提取系数,取量化字长 9 位,得

$$h(0) = h(10) = 1, \quad h(1) = h(9) = 0, \quad h(2) = h(8) = -14 = -(16-2)$$
$$h(3) = h(7) = 0, \quad h(4) = h(6) = 76 = 64 + 8 + 4, \quad h(5) = 128$$

HB1 的 FPGA 实现框图如图 4.9 所示。考虑到系数的对称性,先将对称分支相加。为了防止移位相加时溢出,在移位相加之前先进行数据位扩展。移位相加部分共消耗了 3 个加法器、2 级流水线。在 QUARTUS 环境中用 VHDL 语言实现并编译,消耗 258 个逻辑单元(logic elements,LE),而仅一个 9×9 的乘法器就需要占用 141 个 LE。

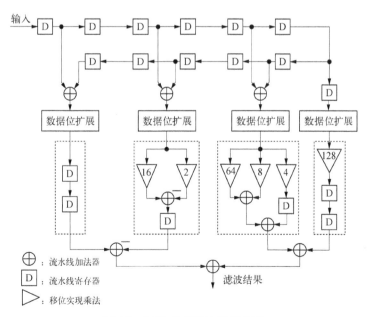

图 4.9　HB1 的 FPGA 实现框图

第一级半带内插前后,即图 4.8 中 A、B 两点的实测波形分别如图 4.10 (a)和(b)所示(以 DBPSK 为例)。

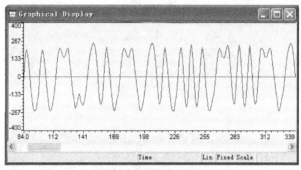

(a) A 点实测波形

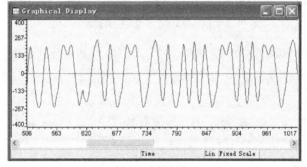

(b) B 点实测波形

图 4.10　第一级半带内插前后的实测波形

再来讨论 CIC 滤波器的实现。设对序列 $x(n)$ 进行 D 倍零值内插得到的序列为 $s(n)$,有

$$s(n) = \begin{cases} x(n/D), & n \text{ 为 } D \text{ 的整数倍} \\ 0, & \text{其他} \end{cases} \tag{4.14}$$

对 $s(n)$ 进行单级 CIC 滤波,得

$$z(n) = s(n) + s(n-1) + \cdots + s(n-D+1) = s(n) = x(n/D) \tag{4.15}$$

$$z(n+1) = x(n/D) \tag{4.16}$$

$$\cdots$$

$$z(n+D-1) = x(n/D) \tag{4.17}$$

$$z(n+D) = x(n/D+1) \tag{4.18}$$

由此可知,对一个序列进行 D 倍零值内插后再经过一个单级 CIC 滤波器等效于用一个频率为原序列采样频率 D 倍的时钟对原序列进行等幅插值。上变频模块中单级 CIC 内插的 FPGA 实现如图 4.11 所示,其中 Clk_HB3 为 HB3 内插结果的采样时钟,Clk_CIC 为 CIC 内插结果的采样时钟。

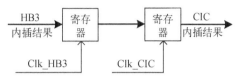

图 4.11　单级 CIC 内插的 FPGA 实现

图 4.12(a)~(d)分别为 AM、FM、DBPSK、DQPSK 的实测调制波形。

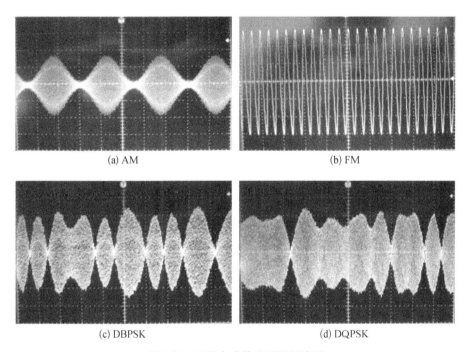

(a) AM

(b) FM

(c) DBPSK

(d) DQPSK

图 4.12　四种方式的实测调制波形

4.1.3　通用解调技术实现

1. 下变频模块的实现

下变频模块的实现框图如图 4.13 所示,NCO 在采样时钟的推动下产生频率正交本地载波,混频之后的信号首先经过 CIC 抽取,再经过两级半带抽取,将采样频率降低。

接收端的 CIC 滤波器仍然用单级实现,采用单级 CIC 滤波器对序列

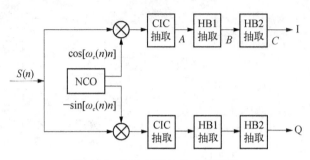

图 4.13 下变频模块的实现框图

$x(n)$ 的 D 倍抽取时,设抽取结果为 $y(n)$,有

$$y(n) = x[(n-1)D + 1] + x[(n-1)D + 2] + \cdots + x(nD) \quad (4.19)$$

$$y(n+1) = x[nD + 1] + x[nD + 2] + \cdots + x[(n+1)D] \quad (4.20)$$

由此可知,单级 CIC 滤波器用于 D 倍抽取,可用一个累加清除器来实现。对输入的数据进行累加,每累加 D 个数据锁存一次累加结果,并随即对累加器清零,锁存值即为滤波抽取结果。

下变频模块中单级 CIC 抽取的 FPGA 实现框图如图 4.14 所示。图中,

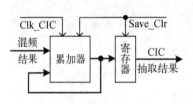

图 4.14 单级 CIC 抽取的 FPGA 实现框图

Clk_CIC 为混频结果采样时钟,Save_Clr 为清零脉冲,其上升沿将累加结果锁存,采用高电平对累加器清零。在 QUARTUS 中进行功能仿真,结果见图 4.15。仿真时为了清晰地显示时序关系,设 CIC 滤波器的输入 CIC_in 一直为 1,Acum_out 为累加器输出,CIC_out 为寄存器存储的抽取结果。

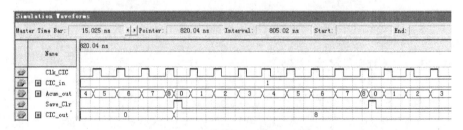

图 4.15 8 倍 CIC 抽取功能仿真

图 4.13 中 A、B、C 点的实测波形(以 DBPSK 为例)见图 4.16,其中横坐标为采样点数,纵坐标为幅值,可见下变频环节成功地完成了混频和滤波抽取。

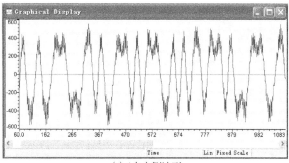

(a) A 点实测波形

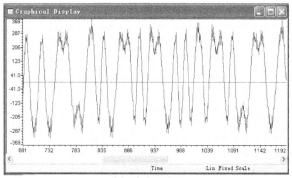

(b) B 点实测波形

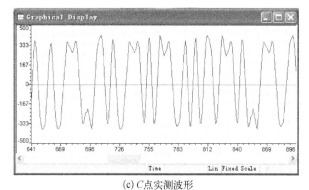

(c) C 点实测波形

图 4.16　DBPSK 的下变频实测波形

2. 解调算法模块的实现

解调算法模块融合了各种方式的解调算法,下面以常用的四种方式为重点讨论各子模块的实现及其融合。

1) AM

设本地载波为 $\cos[(\omega_c + \Delta\omega)n + \varphi_0]$,其中 ω_c 为载波频率,$\Delta\omega$ 为频偏,φ_0 为初始相位,结合式(4.7),可得下变频环节输出的同相、正交分量

分别为

$$X_I'(n) = [A_0 + x(n)]\cos(\Delta\omega \cdot n + \varphi_0) \tag{4.21}$$

$$X_Q'(n) = [A_0 + x(n)]\sin(\Delta\omega \cdot n + \varphi_0) \tag{4.22}$$

解调算法为包络检波法：

$$A'(n) = \sqrt{X_I'^2(n) + X_Q'^2(n)} = A_0 + x(n) \tag{4.23}$$

对包络检波结果滤除噪声、去除直流 A_0，再适当调整幅度，即可恢复调制信息，可见包络检波法不要求载波严格同频同相。

2）FM

结合式（4.10），可得下变频环节输出的同相、正交分量分别为

$$X_I'(n) = A\cos[\Phi(n) + \Delta\omega \cdot n + \varphi_0] \tag{4.24}$$

$$X_Q'(n) = A\sin[\Phi(n) + \Delta\omega \cdot n + \varphi_0] \tag{4.25}$$

提出基于点积（Dot）、叉积（Cross）运算的解调算法：

$$
\begin{aligned}
&X_I'(n-1)X_Q'(n) - X_I'(n)X_Q'(n-1)\\
&= A\sin[\Phi(n) + \Delta\omega \cdot n + \varphi_0]A\cos[\Phi(n-1) + \Delta\omega \cdot (n-1) + \varphi_0]\\
&\quad - A\sin[\Phi(n-1) + \Delta\omega \cdot (n-1) + \varphi_0]A\cos[\Phi(n) + \Delta\omega \cdot n + \varphi_0]\\
&= A^2\sin[v_\Omega(n) + \Delta\omega]\\
&\approx A^2[v_\Omega(n) + \Delta\omega]
\end{aligned} \tag{4.26}
$$

式（4.26）成立的前提是相对于采样率来说，$v_\Omega(n) + \Delta\omega$ 非常小，在一般情况下都能满足此条件。此法有一定的抗载波失配能力，载波频偏对解调结果的影响表现为一个直流分量 $\Delta\omega$，对叉积运算结果滤除噪声、去直流，再适当调整幅度，即可得调制信息。当然，频偏不能太大，否则会超出正弦曲线的线性范围，导致式（4.26）不成立。

3）DBPSK、DQPSK

结合式（4.13），可得接收端下变频环节输出的同相、正交分量分别为

$$X_I'(n) = A\cos[\varphi_{\text{mod}}(n) + \Delta\omega \cdot n + \varphi_0] \tag{4.27}$$

$$X_Q'(n) = A\sin[\varphi_{\text{mod}}(n) + \Delta\omega \cdot n + \varphi_0] \tag{4.28}$$

DBPSK 的解调算法为

$$X'_I(n)X'_I(n-1) + X'_Q(n)X'_Q(n-1) = A^2\cos\left[\varphi_{\mathrm{mod}}(n) - \varphi_{\mathrm{mod}}(n-1) + \Delta\omega\right]$$
$$(4.29)$$

这实际上就是点积(Dot)运算,前后相邻符号的相位差为

$$\Delta\varphi(n) = \varphi_{\mathrm{mod}}(n) - \varphi_{\mathrm{mod}}(n-1) = 0 \text{ 或 } \pi \qquad (4.30)$$

点积运算结果 Dot(n)大于 0 说明 $\Delta\varphi(n)=0$,结果小于 0 说明 $\Delta\varphi(n)=\pi$。因为 $\Delta\varphi(n)$ 和差分编码前的调制数据有一一对应的关系[26],所以直接对点积结果取符号,再进行映射即可得 DBPSK 调制信息,不用差分解码。此方法有一定的抗载波失配能力,只要频偏 $\Delta\omega$ 不足以改变点积结果的符号即可。

DQPSK 的解调算法中,点积和叉积都要用到,叉积结果为

$$\mathrm{Cross}(n) = X'_Q(n)X'_I(n-1) - X'_I(n)X'_Q(n-1)$$
$$= A^2\sin\left[\varphi_{\mathrm{mod}}(n) - \varphi_{\mathrm{mod}}(n-1) + \Delta\omega\right] \qquad (4.31)$$

前后相邻符号的相位差为

$$\Delta\varphi(n) = \varphi_{\mathrm{mod}}(n) - \varphi_{\mathrm{mod}}(n-1) = 0,\ \pi/2,\ \pi,\ 3\pi/2 \qquad (4.32)$$

点积、叉积结果分别加上 $\pi/4$ 的相位偏移:

$$\mathrm{Dot}'(n) = \mathrm{Dot}(n) - \mathrm{Cross}(n)$$
$$= \sqrt{2}A^2\cos\left[\varphi_{\mathrm{mod}}(n) - \varphi_{\mathrm{mod}}(n-1) + \pi/4 + \Delta\omega\right] \quad (4.33)$$
$$\mathrm{Cross}'(n) = \mathrm{Dot}(n) + \mathrm{Cross}(n)$$
$$= \sqrt{2}A^2\sin\left[\varphi_{\mathrm{mod}}(n) - \varphi_{\mathrm{mod}}(n-1) + \pi/4 + \Delta\omega\right] \quad (4.34)$$

移相后的点积量 Dot′(n)、叉积量 Cross′(n)与前后相邻符号相位差 $\Delta\varphi(n)$ 的关系如表 4.1 所示。

表 4.1　Dot′(n)、Cross′(n)与 $\Delta\varphi(n)$ 的关系

Dot′(n)	Cross′(n)	$\Delta\varphi(n)$
+	+	0
−	+	$\pi/2$
−	−	π
+	−	$3\pi/2$

由表 4.1 可见,对 Dot′(n)和 Cross′(n)取符号,再按所示的关系进行映射即可还原出调制信息,而不用差分解码。同样,此方法也有一定的抗载波

失配能力,只要频偏不足以改变 $\mathrm{Dot}'(n)$ 和 $\mathrm{Cross}'(n)$ 的符号。

为验证上述四种解调算法,建立如图 4.17 所示的简化模型,分别对 AM、FM、DBPSK、DQPDK 的调制解调进行 MATLAB 仿真。此模型中所有环节的工作采样频率都是 10 MHz,发送载波的频率为 1 MHz,信道中加上高斯白噪声,信噪比为 16 dB,本地载波频率为 $(1+2^{-3})$ MHz。

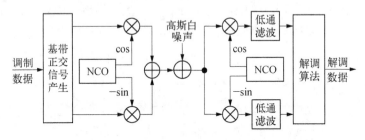

图 4.17 验证解调算法的简化模型

图 4.18(a) 为 AM 解调算法仿真图,其中 A 是频率为 20 kHz 的单频调制数据,B 为接收端包络检波的结果,C 为对包络检波结果滤除噪声、去直流、调整

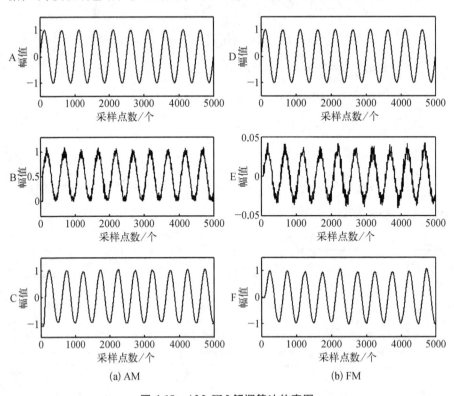

(a) AM

(b) FM

图 4.18 AM、FM 解调算法仿真图

幅度所得的解调结果。图 4.18(b)为 FM 解调算法仿真图,其中 D 是频率为
20 kHz 的单频调制数据,E 为对低通滤波器的输出进行叉积运算的结果,
F 为对叉积运算结果滤除噪声、去直流、调整幅度所得的解调结果。由图可
见,AM、FM 解调算法正确。

　　图 4.19(a)为 DBPSK 解调算法仿真图,其中 A 是频率为 0.1 MHz 的调
制数据,B、C 分别为对低通滤波器的输出进行点积、叉积运算的结果,D 为对
B 中结果取符号、映射、抽样判决后得到的解调数据。图 4.19(b)为 DQPSK
解调算法仿真图,其中 E 是频率为 0.2 MHz 的调制数据,F、G 分别为移相后
的点积、叉积量,H 为对 F、G 的结果取符号、映射、抽样判决、并串转换后得
到的解调数据。由图可见,DBPSK、DQPSK 解调算法正确。

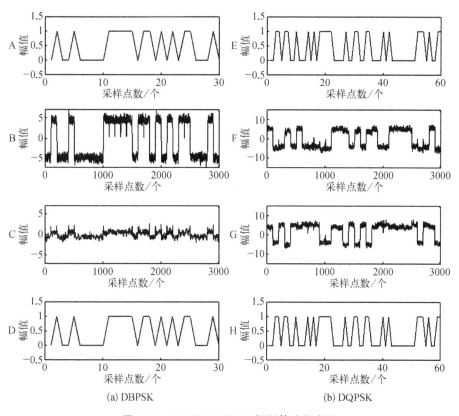

图 4.19　DBPSK、DQPSK 解调算法仿真图

　　将 AM、FM、DBPSK、DQPSK 四种方式融于一体的解调算法模块如图 4.20
所示,第一级路径切换器选择下变频结果是否经过成形和内插,并将选择结

果送入相应的解调算法子模块。AM 解调中的 $\sqrt{X'^2_I(n)+X'^2_Q(n)}$ 运算由 DSP 实现(中断速率为 32 kHz,所以被 DSP 读取前要进行 5 倍 CIC 抽取),而点积、叉积运算只包含和、差与乘法运算,适合用 FPGA 实现,并且可以为 FM、DBPSK、DQPSK 的解调算法及载波同步共用,其实现框图如图 4.21 所示。模拟方式(AM、FM)解调算法的结果即为解调数据,可直接输出。而数字方式(DBPSK、DQPSK)解调算法的结果是待判决数据流,还需送往位同步环节,由第二级路径切换器完成这样的切换。

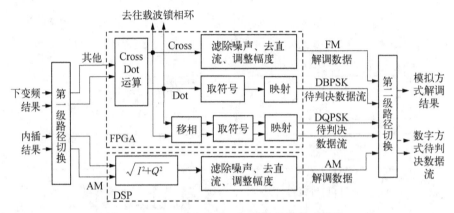

图 4.20　将四种方式融于一体的解调算法模块

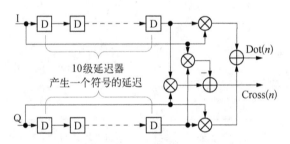

图 4.21　点积、叉积运算的 FPGA 实现

　　对点积和叉积运算结果进行适当判断,可用于多种调频、调相方式的解调:通过叉积的值或符号能判断频差大小,可用于高斯最小频移键控(Gaussian minimum frequency shift keying,GMSK)、频移键控(frequency shift keying,FSK)等方式的解调;通过对点积和叉积的符号进行综合判断可得相位差大小,可用于 π/4 DQPSK、DBPSK 等方式的解调。要实现不同方式的解调,只需更新后续判断方法,十分有利于维护、扩展,满足软件无线电的要求。

4.2　QAM 调制解调技术

4.2.1　QAM 调制与解调基本原理

对于 M 进制正交幅度调制(quadrature amplitude modulation,QAM),其信号表达式为

$$S_i(t) = \sqrt{\frac{2E_{\min}}{T_s}}\left[a_i\cos(\omega_c t) + b_i\sin(\omega_c t)\right], \quad 0 \leqslant t \leqslant T_s, \quad i = 1, 2, \cdots, M$$

$$(4.35)$$

式中,$E_{\min}$ 是幅度最小的信号的能量;M 为正交幅度调制的状态数 ($M = 2^n$,n 为 $\geqslant 2$ 的正整数,表示每个码元代表的比特位数);a_i 和 b_i 是一对独立的整数,根据信号点的位置确定,例如当 $M = 16$、64、256,星座图采用矩形分布时,有

$$\{a_i, b_i\} = \begin{bmatrix} (-L+1, L-1) & (-L+3, L-1) & \cdots & (L-1, L-1) \\ (-L+1, L-3) & (-L+3, L-3) & \cdots & (L-1, L-3) \\ \vdots & \vdots & \ddots & \vdots \\ (-L+1, -L+1) & (-L+3, -L+1) & \cdots & (L-1, -L+1) \end{bmatrix}$$

$$(4.36)$$

式中,$L = \sqrt{M}$,是每路电平幅度个数。

考虑到成形滤波器,QAM 信号可以用指数形式表示为

$$S_i(t) = \mathrm{Re}\left[(a_i + jb_i)g(t)\mathrm{e}^{j\omega_c}\right]$$

$$(4.37)$$

式中,$g(t)$ 为信号脉冲形状。

式(4.37)也可表示为

$$S_i(t) = \mathrm{Re}\left[A_i\mathrm{e}^{j\theta_i}g(t)\mathrm{e}^{j\omega_c}\right] = A_i g(t)\cos(\omega_c t + \theta_i)$$

$$(4.38)$$

式中,$A_i = \sqrt{a_i^2 + b_i^2}$;$\theta_i = \arctan(b_i/a_i)$。

抽样后的表达式为

$$S(n) = \sum_{m=-\infty}^{+\infty}\left[A(n)g(n-m)\cos(\omega_c n + \varphi_m)\right]$$

$$(4.39)$$

式中，$\varphi_m = \dfrac{2\pi i}{M} + \varphi_0$，$i = 1, 2, \cdots, M - 1$，$\varphi_0$ 为初相位，为方便起见，令 $\varphi_0 = 0$。

对信号进行正交分解，可得同相和正交分量。

同相分量：

$$I(n) = \sum_{m=-\infty}^{+\infty} a_m g(n - m) \tag{4.40}$$

正交分量：

$$Q(n) = \sum_{m=-\infty}^{+\infty} b_m g(n - m) \tag{4.41}$$

瞬时相位：

$$\varphi(n) = \sum_{m=-\infty}^{+\infty} \left[g(n - m)\varphi_m \right] \tag{4.42}$$

瞬时幅度：

$$A(n) = \sqrt{a_n^2 + b_n^2} \tag{4.43}$$

式中，$\varphi_m = \arctan\left[Q_n / I_n \right]$。

QAM 的调制框图如图 4.22 所示。在调制端，输入二进制数据流，经过串并变换形成符号，通过编码映射分成两路，分别经过多电平映射，形成 a_n 和 b_n。为抑制已调信号的带外辐射，将 a_n 和 b_n 经过预调制低通滤波器（low-pass filter，LPF），分别调制正交的两路载波，相加后输出。

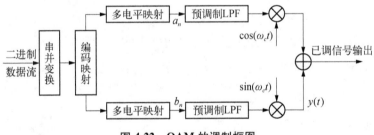

图 4.22　QAM 的调制框图

QAM 的解调主要有两种方法，一种是基于多电平判决的思想，另一种是基于最小距离判决的思想。基于多电平判决思想的解调框图如图 4.23 所示。在接收端，接收信号与本地两路正交载波相乘，经 LPT、多电平判决，再通过解码获得并行数据，经并串变换得到二进制数据。

基于最小距离判决思想的 QAM 解调框图如图 4.24 所示。

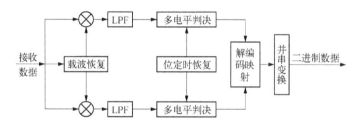

图 4.23　基于多电平判决思想的 QAM 解调框图

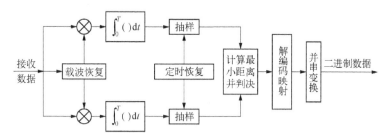

图 4.24　基于最小距离判决思想的 QAM 解调框图

在接收端,接收信号与本地两路正交载波相乘,经积分、抽样得到调制信号(a_n, b_n)的估计值(d, e),计算(d, e)与所有可能发送的信号点(a_n, b_n)之间的距离,与(d, e)距离最小的信号点即为判决后的输出信号点,该点的码元通过解码得到并行数据,最后经并串变换得到二进制数据。

4.2.2　*M* 元 PSK 与 QAM 错误概率分析

当被调制的参数分别为载波的幅度、频率和相位时,多进制数字调制可分为 *M* 进制幅度键控(multilevel amplitude shift keying,MASK)、*M* 进制频偏键控(multilevel frequency shift keying, MFSK)、*M* 进制相移键控(multilevel phase shift keying,MPSK)、幅度和相位联合调制方式 *M* 进制正交幅度调制(multilevel quadrature amplitude modulation,MQAM)等。然而,在带宽和功率受限的情况下,MASK 和 MFSK 并不能很好地提高频带利用率。以 MFSK 为例,表 4.2 给出了相干 MFSK 信号在不同 *M* 值下的带宽利用率 η_B 和功率利用率(用 E_b/N_0 表示),表中 BER 表示误码率。

表 4.2　相干 MFSK 信号的带宽利用率和功率利用率[39]

M	2	4	8	16	32	64
η_B	0.4	0.57	0.55	0.42	0.29	0.18
E_b/N_0(BER = 10^{-6})	13.5	10.8	9.3	8.2	7.5	6.9

由表 4.2 可以看出,对于 MFSK,其带宽利用率存在上限,只有在 $M=4$ 时取得最大值。当 $M>4$ 时,随着 M 值的增加,其带宽利用率减小。对于星座图呈二维分布的 MPSK 和 MQAM,随着 M 的增加,功率利用率提高。以 MQAM 为例,表 4.3 给出了 MQAM 信号在不同 M 值下的带宽利用率 η_B 和功率利用率。

表 4.3　MQAM 信号带宽利用率和功率利用率[39]

M	4	16	64	256	1 024	4 096
η_B	1	2	3	4	5	6
$E_b/N_0(\mathrm{BER}=10^{-6})$	10.5	15	18.5	24	28	33.5

下面着重对 M 元相移键控(phase shift keying, PSK)和 QAM 信号错误概论进行详细的分析比较。

1. MPSK 信号的错误概率

MPSK 的信号波形可表示为

$$s_m(t) = g(t)\cos\left(\omega_c t + \frac{2\pi m}{M}\right) \quad (0 \leq m \leq M-1;\ 0 \leq t \leq T) \quad (4.44)$$

式中,$g(t)$ 是发送信号脉冲波形。

其向量表达式为

$$s_m = \left[\sqrt{E_s}\cos\frac{2\pi m}{M} \quad \sqrt{E_s}\sin\frac{2\pi m}{M} \right] \quad (4.45)$$

式中,$E_s = \dfrac{1}{2}E_g$,是每个波形的能量。

下面以 8PSK 为例,分析 MPSK 信号的错误概率,其星座图和联合判决区域如图 4.25 所示,采用格雷码。

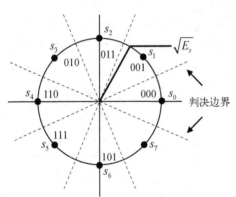

假设发送信号为 s_0,相位为 $\Theta_r = 0$,则发送信号向量为

$$s_0 = \left[\sqrt{E_s} \quad 0 \right] \quad (4.46)$$

接收信号向量的分量为

$$r_I = \sqrt{E_s} + n_1$$
$$r_Q = n_2 \quad (4.47)$$

图 4.25　8PSK 星座图及联合判决区域

因为 n_1 与 n_2 是联合高斯随机变量,所以 r_I 与 r_Q 也是联合高斯随

机变量,且 $E(r_I) = \sqrt{E_s}$, $E(r_Q) = 0$, $\sigma_{r_I}^2 = \sigma_{r_Q}^2 = \frac{1}{2}N_0 = \sigma_r^2$。因此,可得

$$p_r(r_I,\ r_Q) = \frac{1}{2\pi\sigma_r^2}\exp\left[-\frac{(r_I - \sqrt{E_s})^2 + r_Q^2}{2\sigma_r^2}\right] \tag{4.48}$$

为了找到 Θ_r 的概率密度函数(probability density function,PDF),先定义随机变量:

$$\begin{cases} R = \sqrt{r_I^2 + r_Q^2} \\ \Theta_r = \arctan(r_Q/r_I) \end{cases} \tag{4.49}$$

R 和 Θ_r 的联合 PDF 为

$$p_{R,\Theta_r}(R,\ \Theta_r) = \frac{R}{2\pi\sigma_r^2}\exp\left(-\frac{R^2 + E_s - 2\sqrt{E_s}R\cos\Theta_r}{2\sigma_r^2}\right) \tag{4.50}$$

因为只对相位 Θ_r 感兴趣,所以在 R 的范围积分得到 Θ_r 的边缘 PDF[5],即

$$p_{\Theta_r}(\Theta_r) = \int_0^\infty p_{R,\Theta_r}(R,\ \Theta_r)\mathrm{d}R$$
$$= \frac{1}{2\pi}\mathrm{e}^{-2\gamma_s\sin^2\Theta_r}\int_0^\infty R\mathrm{e}^{-(R-\sqrt{2\gamma_s}\cos\Theta_r)^2/2}\mathrm{d}R \tag{4.51}$$

为了方便,将信噪比(signal noise ratio,SNR)定义为 $\gamma_s = E_s/N_0$。

发送 s_0,若噪声引起相位落在判决区间 $\left(-\frac{\pi}{M},\frac{\pi}{M}\right)$ 之外,则会做出错误判决,误符号率为

$$P_s = 1 - \int_{-\pi/M}^{\pi/M} p_{\Theta_r}(\Theta_r)\mathrm{d}\Theta_r \tag{4.52}$$

除了 $M=2$、4 两种较简单的情况外,这个积分近似的表达式是不存在的[40]。$M=2$ 和 $M=4$ 的误符号率分别为

$$\begin{cases} P_2 = Q\left(\sqrt{\frac{2E_b}{N_0}}\right) \\ P_4 = 2Q\left(\sqrt{\frac{2E_b}{N_0}}\right)\left[1 - \frac{1}{2}Q\left(\sqrt{\frac{2E_b}{N_0}}\right)\right] \end{cases} \tag{4.53}$$

对应 QPSK,当 $M=4$ 时的比特错误概率与 $M=2$ 的比特错误概率相同,

当 $M>4$ 时,令 $k = \log_2 M$,则有 $\gamma_s = k\gamma_b$。$\gamma_b \gg 1$ 时,M 元 PSK 等价的比特错误概率可近似表示为[41]

$$P_b = \frac{2}{k}Q\left(\sqrt{2k\gamma_b}\sin\frac{\pi}{M}\right), \quad M > 4 \tag{4.54}$$

下面对式(4.54)所给的比特错误概率进行仿真,仿真结果如图 4.26 所示。

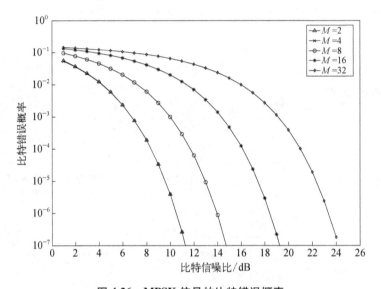

图 4.26   MPSK 信号的比特错误概率

通过仿真,得到 $M=2$、4、8、16、32 时的比特信噪比函数 γ_b 的 M 元 PSK 信号比特错误概率。从图 4.26 也可以得出,$M=2$ 和 $M=4$ 时,M 元 PSK 信号的比特错误概率相等,这一结论与理论上是一致的。当 $M>4$ 时,随着 M 的增大,要达到相同的比特错误概率 P_b,则必须以较高的比特信噪比 γ_b 为代价。以 $P_b = 10^{-5}$ 为例,$M=8$ 与 $M=16$ 之间的差别近似为 4.5 dB,也就是说假设 8PSK 的比特错误概率为 $P_b = 10^{-5}$ 时,对于 16PSK 信号,要达到相同的比特错误概率,则必须将比特信噪比提高 4.5 dB。同样以 $P_b = 10^{-5}$ 为例,$M=16$ 与 $M=32$ 之间的差别近似为 5 dB。

2. MQAM 信号的错误概率

MQAM 的信号波形可以表示为

$$s_m(t) = A_{mc}g(t)\cos(\omega_c t) - A_{ms}g(t)\sin(\omega_c t) \quad (0 \leqslant m \leqslant M-1; 0 \leqslant t \leqslant T) \tag{4.55}$$

式中,A_{mc} 和 A_{ms} 表示信号幅度;$g(t)$ 为信号脉冲。

其向量表示为

$$s_m = \left[A_{mc}\sqrt{\frac{E_g}{2}} \quad A_{ms}\sqrt{\frac{E_g}{2}} \right] \tag{4.56}$$

若令

$$V_m = \sqrt{A_{mc}^2 + A_{ms}^2} \tag{4.57}$$

$$\theta_m = \arctan(A_{ms}/A_{mc}) \tag{4.58}$$

则 MQAM 的信号波形可表示为

$$s_m(t) = \mathrm{Re}\left[V_m \mathrm{e}^{\mathrm{j}\theta_m} g(t) \mathrm{e}^{\mathrm{j}\omega_c t} \right] = V_m g(t) \cos(\omega_c t + \theta_m) \quad (0 \leqslant m \leqslant M-1,\ 0 \leqslant t \leqslant T) \tag{4.59}$$

这表明,正交幅度调制可以视为相移键控和脉冲幅度调制(pulse amplitude modulation,PAM)的组合[4]。

对于 MQAM 信号的错误概率,其与信号点星座图有密切的关系,因为错误概率主要取决于与信号点之间的最小距离。下面以 8QAM 和 16QAM 为例,分析 MQAM 信号的错误概率。

当 $M=8$ 时,有许多种可能的信号星座图,大致可分为圆形和矩形两类,如图 4.27 所示。其中,图 4.27(a)、(b)可归为矩形分布,图 4.27(c)、(d)可归为圆形分布。图中所有星座都由两个幅度组成且信号点之间的最小距离均为 $2A$,图中每个信号点的坐标$(A_{mc},\ A_{ms})$已由 A 归一化。

假设信号点是等概率的,则平均发送功率为

$$P_{\mathrm{av}} = \frac{1}{M}\sum_{m=0}^{M-1}(A_{mc}^2 + A_{ms}^2) = \frac{A^2}{M}\sum_{m=0}^{M-1}(a_{mc}^2 + a_{ms}^2) \tag{4.60}$$

式中,$(a_{mc},\ a_{ms})$是由 A 归一化的信号点坐标。

对于图 4.27 所示的四个星座图,利用式(4.60)可计算得到需要的平均发送功率分别为 $6A^2$、$6A^2$、$6.83A^2$、$4.73A^2$。显然,在四个星座图中,为达到相同的信号错误概率,图 4.27(d)所对应的星座图所需的平均发送功率最小,约比图 4.27(a)和(b)对应的星座图所需的平均发送功率小 1 dB,比图 4.27(c)所对应的星座图所需的平均发送功率约小 1.6 dB。图 4.27(d)为 8QAM 的最佳星座图。

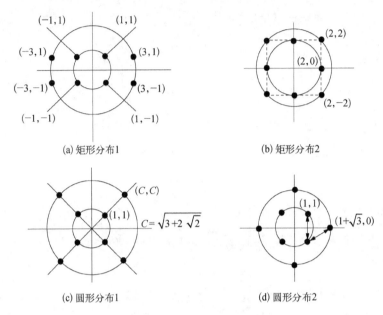

(a) 矩形分布1　　　　　　　　(b) 矩形分布2

(c) 圆形分布1　　　　　　　　(d) 圆形分布2

图 4.27　4 个 8QAM 信号星座图

当 $M \geqslant 16$ 时,在二维空间中选择 QAM 信号点的可能性更大。以 $M = 16$ 为例,16QAM 的星座图仍然可以归为圆形和矩形两类,比较典型的有以下几种,如图 4.28 所示。

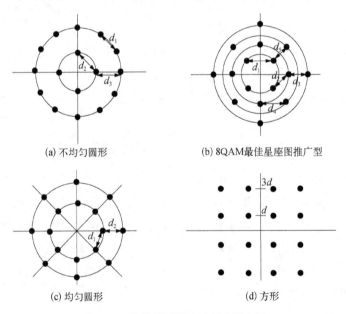

(a) 不均匀圆形　　　　　　　　(b) 8QAM最佳星座图推广型

(c) 均匀圆形　　　　　　　　(d) 方形

图 4.28　几种典型的 16QAM 星座图

在分析 16QAM 信号错误概率之前,先定义几个参数。

（1）峰均比 γ。

$$\gamma = \frac{P_{pk}}{P_{av}} \tag{4.61}$$

式中,P_{pk} 为峰值发送功率;P_{av} 为平均发送功率。

（2）最小欧几里得距离 d_{min},即星座图上星座点间的最小距离。

（3）最小相位偏移 θ_{min},即星座点相位的最小偏移。

首先对图 4.28(a)进行分析:从几何的角度,当 $d_1 = d_2$ 时,$d_3 > d_1$,则 $d_{min} = d_1 = d_2$。设内圆半径为 r_1,外圆半径为 r_2,则有

$$r_1 = \frac{\sqrt{2}}{2}d_{min} \tag{4.62}$$

$$r_2 = \frac{1}{2\sin 15°}d_{min} \tag{4.63}$$

平均发送功率 P_{av} 为

$$P_{av} = \frac{4r_1^2 + 12r_2^2}{16} = 2.92d_{min}^2 \tag{4.64}$$

峰值发送功率为

$$P_{pk} = r_2^2 = 3.73d_{min}^2 \tag{4.65}$$

3 个参数分别为:$\gamma = 1.28$,$d_{min} = 0.59\sqrt{P_{av}}$,$\theta_{min} = 30°$。

下面对图 4.28(b)进行分析:从几何的角度,当 $d_1 = d_2 = d_3 = d_5$ 时,$d_4 > d_1$,则 $d_{min} = d_1 = d_2 = d_3 = d_5$。设从内到外,圆的半径依次为 r_1、r_2、r_3、r_4,则有

$$r_1 = \frac{\sqrt{2}}{2}d_{min} \tag{4.66}$$

$$r_2 = \frac{1 + \sqrt{3}}{2}d_{min} \tag{4.67}$$

$$r_3 = \frac{2 + \sqrt{2}}{2}d_{min} \tag{4.68}$$

$$r_4 = \frac{3 + \sqrt{3}}{2} d_{\min} \tag{4.69}$$

平均发送功率 P_{av} 为

$$P_{av} = \frac{4r_1^2 + 4r_2^2 + 4r_3^2 + 4r_4^2}{16} = 2.72 d_{\min}^2 \tag{4.70}$$

峰值发送功率为

$$P_{pk} = r_4^2 = 5.6 d_{\min}^2 \tag{4.71}$$

3 个参数分别为：$\gamma = 2.06$，$d_{\min} = 0.61\sqrt{P_{av}}$，$\theta_{\min} = 45°$。

同理可求得图 4.28(c)、(d) 所对应的 3 个参数值，表 4.4 给出了 4 种星座图分别对应的 3 个参数值。

表 4.4　4 种星座图对应的 3 个参数值

类　　型	γ	$d_{\min}$	$\theta_{\min}$
不均匀圆形星座图	1.28	$0.59\sqrt{P_{av}}$	30°
8QAM 最佳星座图推广型 16QAM	2.06	$0.61\sqrt{P_{av}}$	45°
均匀圆形星座图	1.52	$0.53\sqrt{P_{av}}$	45°
方形星座图	1.8	$0.63\sqrt{P_{av}}$	18°

由表 4.4 可见，对于 8QAM 最佳星座图推广型 16QAM，峰均比 γ 最大，其抗非线性失真性能最差，而最小相位偏移 $\theta_{\min}$ 与均匀圆形星座图相同，在几种星座图中是最大的，方形星座图具有最大的最小欧氏距离。由此可知，方形星座图适用于加性高斯白噪声信道，圆形星座图适用于非线性失真信道。

通过对 MQAM 错误概率进行分析，可以得到，由于 M 元 QAM 的星座图分布较复杂，不能同 M 元 PSK 一样得到具体的错误概率函数，只有在选定星座图分布的情况下，才可以对不同的 M 元进行错误概率分析。

3. MPSK 与矩形 MQAM 错误概率比较

矩形 QAM 星座图易产生，而且相对于其他圆形星座图，矩形星座图，尤其是方形星座图更容易解调。当 $M>16$ 时，MQAM 圆形星座图的设计更为复杂，解调实现将变得十分困难，同时随着 M 的增大，所需的平均发送功率也会变化,有些星座图所需的平均发送功率将会很大,对发射不利。对于矩形星座图,当 M 为 2 的奇数次幂时,星座图分布为十字形。M 为 2 的偶数次幂时,星座图分布为方形,如图 4.29 所示。

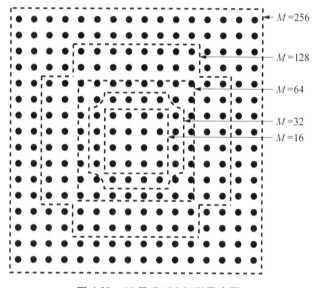

图 4.29　M 元 QAM 矩形星座图

矩形 M 元 QAM 星座图的错误概率可以通过 PAM 错误概率推导得出,当 $M = 2^n (n \geq 2)$ 时,M 元 QAM 星座图按矩形分布时的比特错误概率为[7]

$$P_b \approx \frac{4}{\log 2^M}\left(1 - \frac{1}{\sqrt{M}}\right) \sum_{i=1}^{\sqrt{M}/2} Q\left((2i - 1)\sqrt{\frac{3k\gamma_b}{M - 1}}\right) \tag{4.72}$$

式中,γ_b 为比特信噪比;$k = \log 2^M$。

下面对式(4.72)所给的比特错误概率进行仿真,其仿真结果如图 4.30 所示。通过仿真,得到 $M = 4$、8、16、32、64 时的比特信噪比函数 γ_b 的矩形 MQAM 信号的比特错误概率。由图 4.30 可得,随着 M 的增大,比特错误概率 P_b 也在增加,要达到相同的比特错误概率 P_b,是以提高比特信噪比 γ_b 为代价的。与前一节分析类似,仍以 $P_b = 10^{-5}$ 为例,由仿真结果可得,相邻 M 之间的比特信噪比 γ_b 差别近似相等,约为 2 dB。

在给定信号数目 M 的条件下对矩形分布 QAM 的性能与 PSK 的性能进行比较,仿真结果如图 4.31 所示。从图 4.31 也可以得到 PSK 与 4QAM 具有相同的比特错误概率,这与理论上是一致的。随着 M 值的增大,在相同

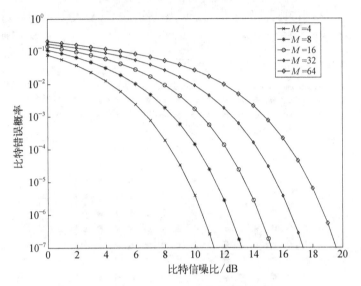

图 4.30　矩形 MQAM 比特错误概率

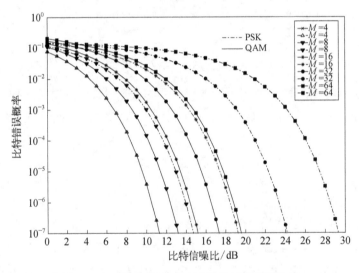

图 4.31　*M* 元 PSK 与 QAM 比特错误概率比较

的比特信噪比条件下,相同 *M* 值下的 QAM 比 PSK 具有更好的比特错误概率。反过来讲,要达到相同的比特错误概率,在比特错误概率值一定的情况下,在相同 *M* 值下,PSK 比 QAM 有更高的信噪比要求。仍以 $P_b = 10^{-5}$ 为例,通过仿真分析,可以得到在不同 *M* 取值下,要达到 $P_b = 10^{-5}$,PSK 和矩形 QAM 所需的比特信噪比 γ_b,仿真数据见表 4.5。通过表 4.5 中的数据对比可以得出,M 值较小时,两种调制方式对比特信噪比的需求差别不是很大,但是随着 M 值的增大,两种调制方式对比特信噪比的需求差别越来越大。当 $M=64$ 时,要达到 $P_b=10^{-5}$,PSK 的比特信噪比需求比 QAM 比特信噪比的需求将近大 10 dB。通过仿真,充分说明了在提高频带利用率方面,QAM 调制方式具有相当的优势。

表 4.5　M 元 QAM 与 PSK 的比特信噪比需求对比　(单位:dB)

类别	$M=4$	$M=8$	$M=16$	$M=32$	$M=64$
PSK	9.55	12.95	17.41	22.31	27.43
QAM	9.55	11.41	13.41	15.53	17.76
差值	0	1.54	4	6.78	9.67

4.2.3　QAM 实现

1. 总体设计

发送端实现框图如图 4.32 所示,接收端实现框图如图 4.33 所示。在发送端,基带信号的实现全部由 FPGA 编程完成。下面就其中的几个主要模块进行 FPGA 设计实现,并进行 ModelSim 仿真分析。

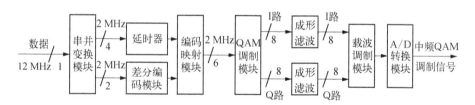

图 4.32　发送端实现框图

2. 差分编码和差分解码模块

差分编码和差分解码的主要目的是解决 QAM 调制中的四重相位模糊问题,该模块完成符号的前两位,即 I_2 和 Q_2 的差分编、解码功能。差分编、解码器 FPGA 实现详细设计如图 4.34 所示,图中 d_I 和 d_Q 分别对应发送端的 I_2 和 Q_2,图中 rd_I 和 rd_Q 分别对应接收端的 I_2 和 Q_2,sel_s、sel_r 分别对应发送端和接收端的选择控制信号,值为"0"表示信号直通,值为"1"表示信号交叉通,发送端差分编码输出有一个时钟的延时。对 FPGA 程序进行 ModelSim 仿真,仿真结果如图 4.35 和图 4.36 所示。

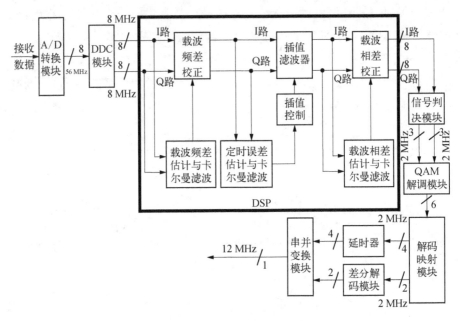

图 4.33 接收端实现框图

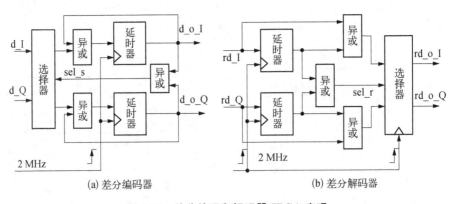

(a) 差分编码器   (b) 差分解码器

图 4.34 差分编码和解码器 FPGA 实现

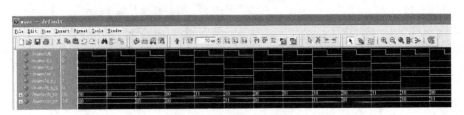

图 4.35 差分编码仿真结果

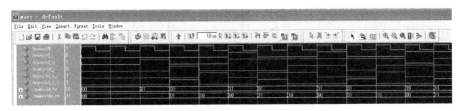

图 4.36 差分解码仿真结果

为方便观察,编码仿真中将输入 I、Q 两路信号 d_I、d_Q 合并为 2 位数据 ds_tst,输出两路信号 d_o_I、d_o_Q 合并为 2 位数据 do_tst 进行显示。编码仿真中,将输入 I、Q 两路信号 rd_I、rd_Q 合并为 2 位数据 rd_tst,输出两路信号 rd_o_I、rd_o_Q 合并为 2 位数据 rdo_tst 进行显示。解码时,为了方便检验编码和解码是否正确,输入数据采用编码输出数据。通过仿真结果可得,解码输出与编码输入相同,表明编码和解码正确。

3. 编码映射和解码映射模块

编码映射和解码映射完成符号编码,以提高 QAM 信号的误码性能。FPGA 编程实现比较简单,主要通过查找 Rom 表实现,详细设计如图 4.37 所示。

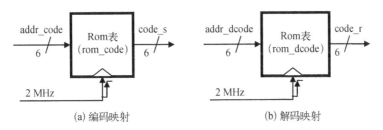

图 4.37 编码映射和解码映射

在发送端,差分编码输出 2 bit,延时器输出 4 bit,合并构成编码映射输入,作为编码 Rom 表地址,以 2 Mbps 的速率进行编码 Rom 查找。在接收端,QAM 解调输出作为解码映射输入,作为解码 Rom 表地址,同样以 2 Mbps 的速率进行解码 Rom 查找。编码 Rom 表如表 4.6 所示,解码 Rom 表如表 4.7 所示。

表 4.6 编码 Rom 表

地址	+000	+001	+010	+011	+100	+101	+110	+111
000000	000011	000010	000001	000000	000110	000111	000100	000101
001000	001001	001000	001011	001010	001100	001101	001110	001111
010000	010110	010111	010100	010101	010011	010010	010001	010000

（续表）

地址	+000	+001	+010	+011	+100	+101	+110	+111
011000	011100	011101	011110	011111	011001	011000	011011	011010
100000	101001	101000	101011	101010	101100	101101	101110	101111
101000	100011	100010	100001	100000	100110	100111	100100	100101
110000	111100	111101	111110	111111	111001	111000	111011	111010
111000	110110	110111	110100	110101	110011	110010	110001	110000

表 4.7 解码 Rom 表

地址	+000	+001	+010	+011	+100	+101	+110	+111
000000	000011	000010	000001	000000	000110	000111	000100	000101
001000	001001	001000	001011	001010	001100	001101	001110	001111
010000	010111	010110	010101	010100	010010	010011	010000	010001
011000	011101	011100	011111	011110	011000	011001	011010	011011
100000	101011	101010	101001	101000	101110	101111	101100	101101
101000	100001	100000	100011	100010	100100	100101	100110	100111
110000	111111	111110	111101	111100	111010	111011	111000	111001
111000	110101	110100	110111	110110	110000	110001	110010	110011

表 4.6 和表 4.7 中，地址栏由左边第一列和上边第一行组成，如表 4.6 中，列地址为 101000，行地址为 +100，则地址 Rom 表地址为 101100，对应的 Rom 内容为 100110。

4. QAM 调制与解调模块

该模块完成 QAM 调制与解调功能。调制时，将每符号的 6 bit 数据分成两路，每路 3 bit，3 bit 经电平映射，得到每路 8 电平 QAM 调制信号。解调时，将判决输出 I、Q 两路中各 3 bit 合并成 1 个符号，完成 QAM 信号的解调，详细设计如图 4.38 所示。调制信号 code_s 中的 6 bit 分别对应 $I_2Q_2I_1Q_1I_0Q_0$，分路器将调制信号分成 $I(I_2I_1I_0)$、$Q(Q_2Q_1Q_0)$ 两路。相反，在解调时，将 $I(I_2I_1I_0)$、

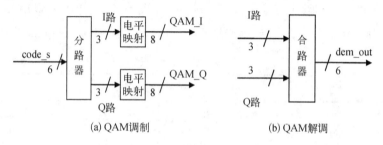

(a) QAM调制　　　　　　　　　(b) QAM解调

图 4.38 QAM 调制与解调详细设计

$Q(Q_2Q_1Q_0)$ 两路合成 1 个符号 dem_out ($I_2Q_2I_1Q_1I_0Q_0$)，电平映射关系如表 4.8 所示，调制仿真结果如图 4.39 所示。解调由电平判决后的 I 路和 Q 路中的各 3 bit 信息直接合成 1 个符号，比较简单，在这里不再进行仿真分析。

表 4.8　电平映射关系

输　入	000	001	010	011	100	101	110	111
电　平	+7	+5	+3	+1	−1	−3	−5	−7
量化输出	01110000	01010000	00110000	00010000	11110000	11010000	10110000	10010000

表 4.8 中的电平和量化输出只是电平之间的比例关系，并不表示实际的电压值。每两个电平之间的间隔相等，8 位量化也是对电平对应值的比例量化。

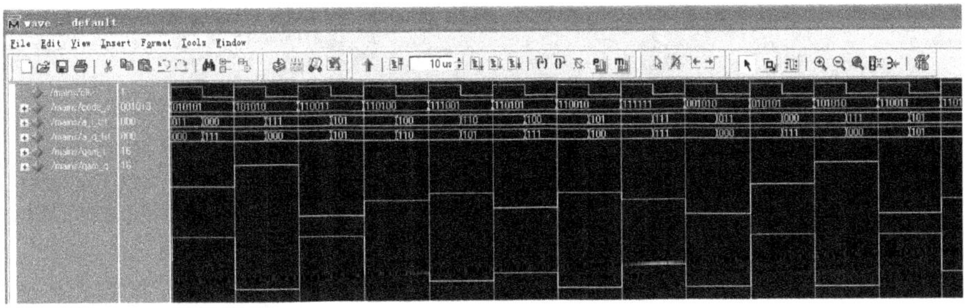

图 4.39　QAM 调制仿真结果

5. 成形滤波模块

在升余弦滤波器实现中，插值节点数越多，运算长度越长，滤波性能越好，但滤波器阶数就越高，实现越困难，综合考虑实现难度和滤波性能，采用 4 倍插值，运算长度为 4 个符号。升余弦滤波器的另外一个重要参数是滚降系数，滚降系数越大，时域波形的拖尾衰减越快，拖尾幅度越小，码间串扰的影响也就越小，由此付出的代价是频带利用率也就越低。综合考虑码间干扰和频带利用率的影响，取滚降系数为 0.5，详细设计如图 4.40 所示，乘法器调用乘法器核 LPM_MULT。图 4.40 中，data_ds 为 QAM 信号，经 31 阶 4 倍插值，滚降系数为 0.5 的升余弦滤波，滤波输出为 rcos_out。以单路 ModelSim 仿真为例，仿真结果如图 4.41 所示。

6. 中频调制模块

升余弦滤波输出数据流速率为 8 MHz，通过速率变换，与本地载波相乘实现载波调制。本地载波选用 70 MHz，由 280 MHz 时钟驱动 NCO 产

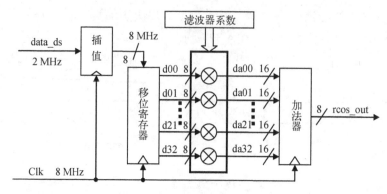

图 4.40　升余弦滤波器详细设计

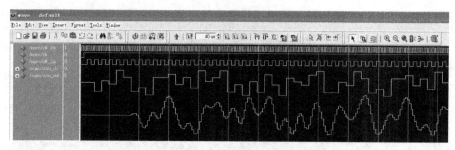

图 4.41　升余弦滤波仿真结果

生,因此运算时钟为 280 MHz。8~280 MHz 的变换关系为:8 MHz 经 7 倍线性插值,提升至 56 MHz,再经 5 倍 CIC 插值,变换至 280 MHz 数据流,详细设计如图 4.42 所示。以单路 ModelSim 仿真为例,仿真结果如图 4.43 所示。其中,rcos_out_tst 为成形滤波输出,作为中频调制的输入信号,data_I 为插值 5 倍 CIC 插值输出,数据流速率为 280 MHz,data_out_I 为 I 路载波调制输出。

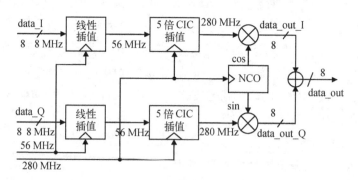

图 4.42　中频调制模块详细设计

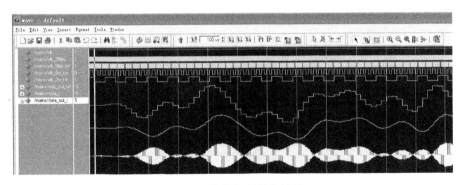

图 4.43　中频调制仿真结果

7. DDC 模块

先对 70 MHz 中频信号进行带通采样,将模拟信号变成数字信号。由带通采样公式 $f_s = \dfrac{4f_0}{2n+1}$ 可得,采样频率取 56 MHz,数字下变频的本地载波频率为 70−56=14 MHz。首先对中频采样数据进行载波解调,根据带通采样定理,接收数据为 70 MHz 载波中频信号,采样频率为 56 MHz,本地载波频率为 14 MHz。解调后的数据流速率为 56 MHz,为便于后续信号处理,需要对数据流进行降速。对 56 MHz 数据流进行 7 倍 CIC 抽取,降至 8 MHz,即每符号 4 个点,数字下变频详细设计如图 4.44。以单路为例进行 ModelSim 仿真,仿真结果如图 4.45 所示。

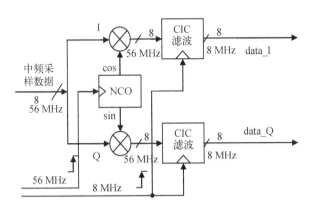

图 4.44　数字下变频详细设计

图 4.45 中,data_in 为接收中频信号,sample_out 为 56 MHz 采样输出,mult_out 为采样数据与本地 14 MHz 载波 I 路相乘输出,cic_out 为 CIC 滤波

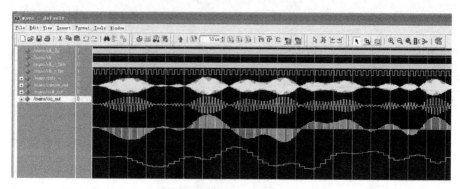

图 4.45　下变频模块仿真结果

输出,数据流速率为 8 MHz,即每符号采样 4 点。

通过对比图 4.43 和图 4.45 可以看出,在没有载波频偏、载波相偏、定时误差时,下变频输出与发射数据一致。实际中,载波频偏、载波相偏及符号定时误差是必然存在的,这就需要在解调中增加同步估计模块。

8. 同步估计模块

数字下变频器得到的信号是零中频的基带信号,后续将完成对基带信号的处理,主要实现第 5 章所研究的同步技术,信号处理流程图如图 4.46 所示,具体算法及其实现将在第 5 章详述。

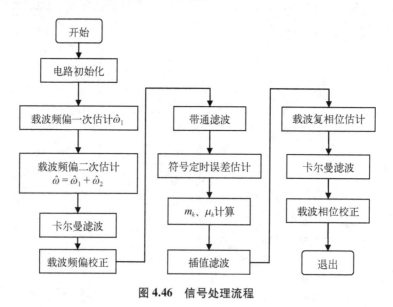

图 4.46　信号处理流程

4.3　APSK 调制解调技术

4.3.1　高阶调制方式性能分析

1. 高阶调制方式信号模型分析

MPSK 已调信号的表达式为[42]

$$X_{\mathrm{MPSK}}(t) = A\cos\left[2\pi f_c t + \psi_n\right] \tag{4.73}$$

式中，A 为常数；f_c 为载波频率；ψ_n 为承载信息的受调制相位，ψ_n 可以表示为

$$\psi_n = \frac{2\pi}{M}(n-1)，\quad n = 1, 2, \cdots, M \tag{4.74}$$

8PSK 和 16PSK 的星座图及编码规则如图 4.47 所示。

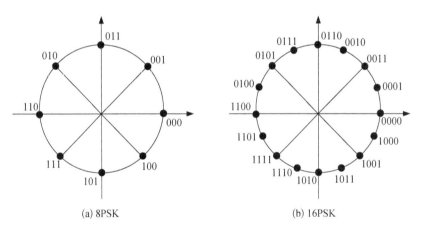

(a) 8PSK　　　　　　　　　(b) 16PSK

图 4.47　MPSK 星座图及编码规则

MQAM 已调信号的表达式为[42]

$$X_{\mathrm{MQAM}}(t) = A_n\cos\left[2\pi f_c t + \theta_n\right]，\quad n = 1, 2, \cdots, M \tag{4.75}$$

式中，A_n、θ_n 分别为承载信息的离散振幅值和相位值。

16QAM 和 32QAM 的星座图及编码规则如图 4.48 所示。MAPSK 的星座由 R 个同心圆组成，每个圆上等间隔分布着 PSK 调制信号点，其信号可表示为[43]

$$X = \begin{cases} r_1 \exp\left[j\left(\dfrac{2\pi}{n_1} i + \theta_1 \right) \right], & i = 0, \cdots, n_1 - 1 \ (\text{Ring 1}) \\[2mm] r_2 \exp\left[j\left(\dfrac{2\pi}{n_2} i + \theta_2 \right) \right], & i = 0, \cdots, n_2 - 1 \ (\text{Ring 2}) \\[2mm] \vdots \\[2mm] r_R \exp\left[j\left(\dfrac{2\pi}{n_R} i + \theta_R \right) \right], & i = 0, \cdots, n_R - 1 \ (\text{Ring } R) \end{cases} \tag{4.76}$$

式中, n_k、θ_k、和 r_k 分别表示第 $k(k = 1, 2, \cdots, R)$ 个圆上的星座点数量、初始相位和半径, 称为 MAPSK$(n_1 + n_2 + \cdots + n_R)$-APSK。

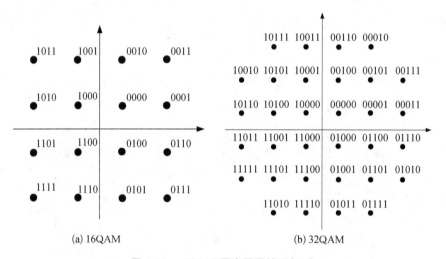

图 4.48　MQAM 星座图及编码规则

M 有多种取值, 且星座点在 R 个星座圆上有多种分布方案, 本章只研究各大标准中推荐的 4+12-APSK 和 4+12+16-APSK, 其星座图和编码规则如图 4.49 所示。

以上三种编码方式均按格雷码规律安排, 为了便于后续分析, 对所有星座图的尺寸进行能量归一化处理, 保证星座点集合的均值为 1, 即

$$E(|X|^2) \triangleq \sum_{k=1}^{n_R} n_k r_k^2 \Big/ \sum_{k=1}^{n_R} n_k = 1 \tag{4.77}$$

2. 高阶调制方式性能分析

衡量某种调制方式的性能时要综合考虑误码性能、解调门限、频带效率

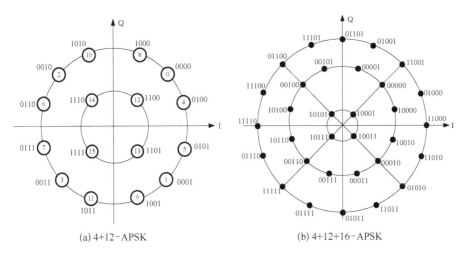

(a) 4+12−APSK   (b) 4+12+16−APSK

图 4.49　APSK 星座图和编码规则

和功率效率等指标,对于非线性卫星信道,还需要考虑调制信号在时域的恒包络特性。最小欧氏距离表征调制信号相邻星座点之间的最小距离,与解调门限和误码率等指标直接相关,是衡量调制方式性能的一个重要指标。下面取进制数 $M=16$,从最小欧氏距离、误码性能、恒包络特性三个方面比较分析 APSK、PSK 和 QAM 三种调制方式的性能,32APSK 与同进制 PSK 和 QAM 的性能比较可按照下述方法依此类推。

1）最小欧氏距离

最小欧氏距离是指调制信号相邻星座点之间的最小距离,最小欧氏距离越大,则相邻星座点之间的距离越大,解调时发生误判决的概率越低,误码性能越好,抗干扰能力也就越强。16APSK、16PSK 和 16QAM 三种调制方式的星座图如图 4.50 所示。

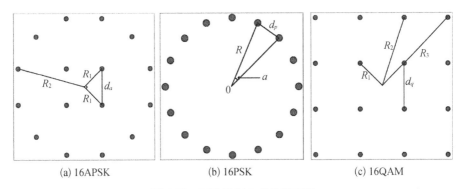

(a) 16APSK   (b) 16PSK   (c) 16QAM

图 4.50　三种调制方式的星座图

假设三种调制方式的功率为 1,其对应的最小欧氏距离为 d_a、d_p、d_q。对于 16APSK,取内外圆半径之比为

$$R_2/R_1 = \sin(\pi/4)/\sin(\pi/12) \triangleq 2.7 \tag{4.78}$$

此时内圆星座点之间和外圆星座点之间的最小间隔相等,计算可得

$$2d_a^2 + \frac{3d_a^2}{\sin^2(\pi/12)} = 1 \tag{4.79}$$

$$\frac{4d_p^2}{\sin^2(\pi/16)} = 1 \tag{4.80}$$

$$40d_q^2 = 1 \tag{4.81}$$

可得

$$d_a : d_p : d_q = \sqrt{\frac{\sin^2(\pi/12)}{2\sin^2(\pi/12) + 3}} : \frac{\sin(\pi/16)}{2} : \sqrt{\frac{1}{40}}$$

$$\approx 0.146\,2 : 0.097\,5 : 0.158\,1 \tag{4.82}$$

由计算结果可知,由于 16PSK 调制未能有效利用星座平面空间,最小欧氏距离仅为 0.097 5,在三种调制方式中最小,在平均发送功率相等的条件下,其误码率更高。16APSK、16QAM 的星座点安排较好,其星座平面空间利用率更高,最小欧氏距离较大,分别为 0.146 2 和 0.158 1。

2) 误码性能分析

MQAM 的理论误码率计算公式为[44]

$$P_q = \frac{2K}{M}Q\left(\frac{d_q}{\sqrt{2N_0}}\right) \tag{4.83}$$

式中,K 为满足最小欧氏距离星座点对数;d_q 为对应的最小欧氏距离;N_0 为 AWGN 信道单边噪声功率谱密度。

$Q(x)$ 定义为

$$Q(x) = \int_x^\infty \frac{1}{\sqrt{2\pi}} e^{-z^2/2} dz \tag{4.84}$$

MPSK 的理论误码率计算公式可表示为

$$P_p = 2Q\sqrt{\frac{2E_s}{N_0}\sin^2(\pi/M)} \tag{4.85}$$

式中, E_s 表示符号能量。

对于 MAPSK 信号, 无法得到其误码率的闭式解, 下面推导其近似闭式误码率的计算公式。图 4.51 为 16APSK 星座的判决示意图, 为简化处理, 只画出了第一象限的部分, 第二、三、四象限的星座点可类似处理。

图 4.51 中, 包含四个星座点 D_1、D_2、D_3 和 D_4, 线段 AB、BC、CE, 射线 Bb、Cc 是两两星座点之间的垂直平分线, h_1、h_2 分别表示星座点 D_1、D_4 与判决边界的距离。为

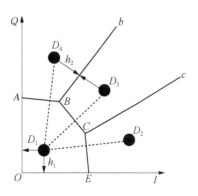

图 4.51　16APSK 第一象限星座点判决示意图

方便表达, 分别用 Ξ_1、Ξ_2、Ξ_3、Ξ_4 表示由星座点 D_1、D_2、D_3、D_4 确定的判决区域, 如 D_1 所确定的判决区域 Ξ_1 就是由 $ABCEO$ 组成的五边形区域。

下面以星座点 D_1 为例, 推导其误符号率公式。假设发送端发送星座点为 D_1, 接收端的最佳判决点 z 由于噪声的影响落在了 Ξ_1 之外, 即会产生误码, 其条件概率为

$$P_s|_{TX=D_1} = P(z \in \Xi_2|_{TX=D_1}) + P(z \in \Xi_3|_{TX=D_1}) + P(z \in \Xi_4|_{TX=D_1})$$
$$+ P[\mathrm{Re}(z) < 0 \cup \mathrm{Im}(z) < 0|_{TX=D_1}] \tag{4.86}$$

式(4.86)中右侧的第一项表示发送星座点为 D_1 而接收机判决点落在 Ξ_2 的概率, 第二、三项以此类推, 第四项表示最佳判决点在第二、三、四象限的概率, 下面对每一项进行详细分析。线段 EC 及其延长线将第一象限分隔成两部分: EC 右上区域 Ψ_1 和 EC 左下区域 Ψ_2, 由于 $\Xi_2 \subset \Psi_1$, 可得

$$P(z \in \Xi_2|_{TX=D_1}) \leqslant P(z \in \Psi_1|_{TX=D_1}) \tag{4.87}$$

当没有噪声存在时, 式(4.86)左右两端都为零, 等号成立。

定义 D_1 到 CE 的距离为 h_{CE}, 根据复高斯分布规律, 得到

$$P(z \in \Psi_1|_{TX=D_1}) = Q\left(h_{CE}\sqrt{\frac{E_s}{2N_0}}\right) \tag{4.88}$$

式(4.86)中右侧的第二、三项可以得到类似的结果, 对于第四项, 有

$$P[\mathrm{Re}(z) < 0 \cup \mathrm{Im}(z) < 0 \,|_{\mathrm{TX}=D_1}]$$

$$\leqslant \{P[\mathrm{Re}(z) < 0\,|_{\mathrm{TX}=D_1}] + P[\mathrm{Im}(z) < 0\,|_{\mathrm{TX}=D_1}]\}$$

$$= Q\!\left(h_1\sqrt{\frac{E_s}{2N_0}}\right) + Q\!\left(h_1\sqrt{\frac{E_s}{2N_0}}\right) \tag{4.89}$$

这样式(4.86)可以化简为

$$P_s\,|_{\mathrm{TX}=D_1} \leqslant Q\!\left(h_{CE}\sqrt{\frac{E_s}{2N_0}}\right) + Q\!\left(h_{BC}\sqrt{\frac{E_s}{2N_0}}\right)$$

$$+ Q\!\left(h_{AB}\sqrt{\frac{E_s}{2N_0}}\right) + 2Q\!\left(h_1\sqrt{\frac{E_s}{2N_0}}\right) \tag{4.90}$$

根据 Q 函数的性质:

$$\lim_{\frac{E_s}{N_0}\to\infty} \frac{Q\!\left(h_1\sqrt{\dfrac{E_s}{2N_0}}\right)}{Q\!\left(h_2\sqrt{\dfrac{E_s}{2N_0}}\right)} = \begin{cases} 0, & h_1 > h_2 \\ 1, & h_1 = h_2 \\ +\infty, & h_1 < h_2 \end{cases} \tag{4.91}$$

由式(4.91)可知,信噪比足够大时,条件误符号率主要取决于星座点到判决边界的最小距离。对于外内半径之比为 2.7 的 16APSK 星座,D_1 到坐标轴的距离最小,式(4.90)可以化简为

$$P_s\,|_{\mathrm{TX}=D_1} = P_s\,|_{\mathrm{TX}=内圆星座点} \cdot 2Q\!\left(h_1\sqrt{\frac{E_s}{2N_0}}\right) \tag{4.92}$$

同样对于外圆上的星座点,通过计算,可知它们与相邻外圆星座点的距离最小,所以

$$P_s\,|_{\mathrm{TX}=D_2} = P_s\,|_{\mathrm{TX}=外圆星座点} \cdot 2Q\!\left(h_2\sqrt{\frac{E_s}{2N_0}}\right) \tag{4.93}$$

对于图 4.49(a)所示的 16APSK 星座图,星座点编码按格雷码规律安排,即任一星座携带的 4 bit 信息与相邻的星座点信息仅有 1 bit 不同,可以简单地认为误码率为误符号率的 1/4。4+12-APSK 星座的外圆和内圆各有 12 和 4 个星座点,假设这些星座点等概率发送,外圆星座点和内圆星座点的发送概率分别为 3/4 和 1/4,误符号率和误码率可以近似表示为

$$\begin{cases} P_s = \dfrac{1}{2}Q\!\left(h_1\sqrt{\dfrac{E_s}{2N_0}}\right) + \dfrac{3}{2}Q\!\left(h_2\sqrt{\dfrac{E_s}{2N_0}}\right) \\[3mm] BER = \dfrac{1}{4}P_s \end{cases} \quad (4.94)$$

综上可得到三种调制方式在 AWGN 信道下的误码率对比如图 4.52 所示。

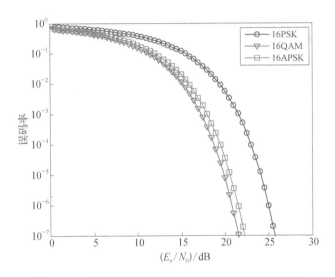

图 4.52　三种调制方式在 AWGN 信道下的误码率对比

由图 4.52 可知,16QAM、16APSK 和 16PSK 在系统误码率要求为 10^{-5} 时的理论解调门限 E_s/N_0 值分别为 19.9 dB、20.6 dB 和 24.1 dB。16APSK 和 16QAM 的误码性能要明显优于 16PSK,16APSK 和 16QAM 的误码性能相近,性能差异仅为 0.7 dB。

3）恒包络特性

卫星信道的非线性特征常用 Saleh 模型来表征,其表达式为

$$\begin{aligned} A(r) &= \alpha_a\,\frac{r}{1+\beta_a r^2} \\[2mm] \varphi(r) &= \alpha_\varphi\,\frac{r^2}{1+\beta_\varphi r^2} \end{aligned} \quad (4.95)$$

式中,r 为输入信号幅度;$A(r)$ 为输出信号幅度;$\varphi(r)$ 为输出附加相位;α_a、β_a、α_φ、β_φ 为 Saleh 模型的特征参数,视具体信道而定,这里选取一组常用的

参数, $\alpha_a = 2.158\ 7$, $\beta_a = 1.151\ 7$, $\alpha_{\varphi} = 4.003\ 3$, $\beta_{\varphi} = 9.104\ 0$。

Saleh 模型的输出电压(AM/AM)和输出相位变化(AM/PM)特性仿真结果见图 4.53。

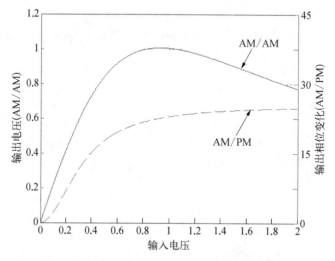

图 4.53 Saleh 模型的 AM/AM 和 AM/PM 特性仿真结果

卫星信道非线性对 16APSK 和 16QAM 两种信号星座影响的仿真结果分别见图 4.54 和图 4.55。仿真时对两种调制方式的星座能量进行归一化处理：对于 16APSK,内圆半径取 0.418 2、外圆半径取 1.129 2,半径之比为 2.7;对于 16QAM,16 个星座点到中心的距离分别为 0.447 2、1 和 1.341 6。

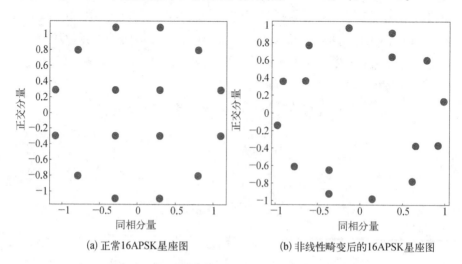

(a) 正常16APSK星座图　　　　　(b) 非线性畸变后的16APSK星座图

图 4.54 卫星信道非线性对 16APSK 星座的影响

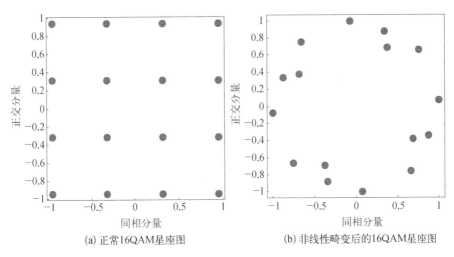

(a) 正常16QAM星座图　　　　　(b) 非线性畸变后的16QAM星座图

图 4.55　卫星信道非线性对 16QAM 星座的影响

从仿真结果可知,16APSK 信号经过 Saleh 模型表征的非线性信道后,星座图的外圆半径减小,内圆半径增大,外圆和内圆相位都向左旋转,但是 APSK 星座的分布特征还在,只需对星座点作反方向预失真矫正即可避免影响后续的判决。16QAM 信号经过 Saleh 模型表征的非线性信道后,内侧星座点向外扩张,外侧星座点向里收缩,所有星座点相位向左旋转,对于每个象限的判决区域,四个星座收缩在一起,难以判决。经过仿真,16APSK 的恒包络特性要优于 16QAM,如果以星座图中心向外画一组同心圆,力求经过所有星座点,可以发现,16APSK 所需的同心圆数目为 2,而 16QAM 所需的同心圆数目则为 3,较少的幅度变化必然会带来较好的恒包络特性。

以上从三个方面对 16PSK、16QAM 和 16APSK 在卫星信道下的性能进行了详细分析,可以得出如下结论。

(1) 高阶 PSK 调制的最小欧氏距离随着进制数的增大而减小,噪声容限随之减小,误码性能变差,所以卫星通信中使用较多的是 QPSK 和 8PSK 调制方式,16PSK 调制方式较少使用。

(2) 由于合理的星座安排,高阶 QAM 调制的最小欧氏距离是三种调制方式中最大的,仿真结果表明其在 AWGN 信道下的误码性能也是最好的,但是 QAM 的矩形星座安排使得其时域信号产生较多的幅度变化,经过卫星非线性信道时会产生非线性畸变。

（3）APSK 调制技术结合了 PSK 和 QAM 调制的优点，其星座安排为圆形，使得 APSK 调制技术既有较高的星座空间利用率，在经过卫星信道时又不会因为过多的幅度变化而产生非线性失真。虽然 AWGN 信道下 16APSK 调制的误码性能要稍逊于 16QAM 调制，但是在卫星信道中，与 Turbo 码和 LDPC 码结合后，16APSK 的性能要优于 16QAM[1]。

综上所述，MPSK、MQAM 和 APSK 三种高阶调制方式中，APSK 更适用于卫星信道传输。对于 APSK 调制，有 4+12-APSK 和 4+12+16-APSK 两种热门方案可供选择，16APSK 调制的理论频带利用率为 4 bit/（s·Hz），是目前常用的 QPSK 调制的 2 倍。结合项目需求，综合考虑频带效率、功率效率及实现复杂度，这里选择 16APSK 作为研究对象。

4.3.2　APSK 调制解调原理

APSK 与 QAM 类似，是幅度相位联合的调制方式，因此 APSK 也可以采用正交相干调制和解调方案。发送信号经过串并转换和星座映射后，分两路成形滤波后与相位差为 π/2 的载波相乘得到同相正交路调制信号，相加得到 APSK 调制信号，其调制原理如图 4.56 所示。

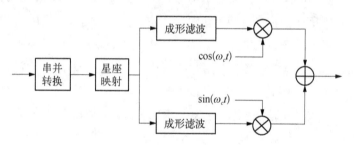

图 4.56　APSK 正交相干调制原理

16APSK 调制信号的频谱和时域信号波形仿真结果见图 4.57。

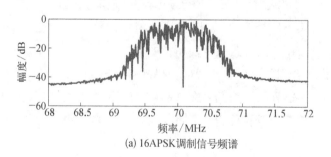

(a) 16APSK 调制信号频谱

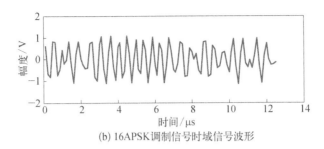

(b) 16APSK调制信号时域信号波形

图 4.57　16APSK 调制信号的频谱和时域信号波形仿真结果

在接收端,信号经过 A/D 采样后分 I、Q 两路数据,经过载波同步和定时同步操作后,将数据传送到多电平判决模块,然后经并串转换至比特流数据输出。APSK 正交相干解调原理如图 4.58 所示。

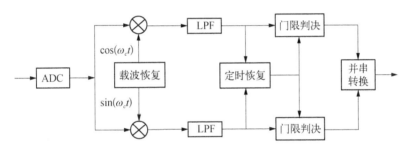

图 4.58　APSK 正交相干解调原理

4.3.3　APSK 调制解调实现

1. 总体结构

以 16APSK 为例,调制解调器的总体结构框图如图 4.59 所示。

若比特率为 4 Mbps,则发送数据经过串并转换,以 4 bit 为一个单位映射为正交信号 I_n 和 Q_n,送入根升余弦成形滤波器,然后将 I、Q 两路数据传送至正交调制到 70 MHz 中频发送。

接收端用 40 MHz 的 A/D 时钟对 70 MHz 中频信号进行带通采样,得到 10 MHz 左右的数字中频信号。然后检测信号能量大小,通过自动增益控制(automatic gain control,AGC)调整信号幅度,以保证后端的运算精度。采样波形经过 AGC 调整和数字下变频处理后,输出带有发送、接收端相对频偏的基带信号 ddc_i_out 和 ddc_q_out。

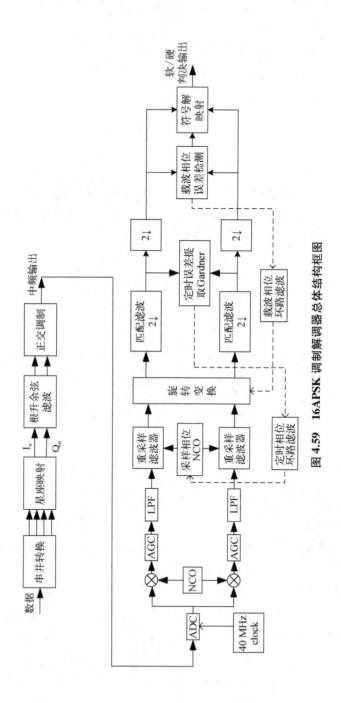

图 4.59 16APSK 调制解调器总体结构框图

重采样滤波器把 1 Msps 基带信号重新采样到 4 Msps, 然后通过旋转变换处理去除残余频偏和相偏, 其输出基带信号为 rot_i_out 和 rot_q_out。

rot_i_out 和 rot_q_out 经过根升余弦匹配滤波和 2 倍抽取至 2 倍符号速率(输出信号为 dmf_i_out 和 dmf_q_out), 即每个符号周期内采样两次, 其中一个采样点位于最佳采样点附近, 另一个采样点位于符号交界处, 这两个点即可满足 Gardner 定时误差检测的要求, 误差信号经过定时环路滤波后送到采样相位 NCO, 用于控制采样时间。

dmf_i_out 和 dmf_q_out 经过 2 倍抽取得到 syn_i_out 和 syn_q_out, 此时数据速率已经降至符号速率, 送至载波相位误差检测模块, 得到的误差信号经过载波环路滤波后送至旋转变换模块, 更新载波频偏和相偏调整量。在完成载波和定时同步后, 将信号送到判决解映射模块, 直至输出。

这里重点介绍串并转换与星座映射、成形滤波、正交调制、数据判决等模块, 同步相关算法将在第 6 章详述, 不再赘述。

2. 串并转换与星座映射

16APSK 调制信号的每个符号含有 4 bit 信息, 故在星座映射之前需要对比特流数据进行串并转换。图 4.60 是串并转换模块 Signaltap 抓取实时数据截图。其中, clk_quar 是串并转换时钟, 在时钟控制信号的周期性作用下, 将 4 位串行输入数据 data_in 转换为 data_out, 实现了串行转并行操作。从图 4.60 中可以看出, 输入和输出之间有一个转换时钟的延迟, 二进制数据 0111 对应 7, 1001 对应 9。

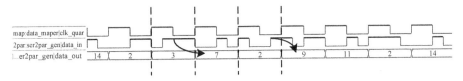

图 4.60　串并转换模块功能验证

完成串并转换之后, 可以按照图 4.49(a)所示的编码方式确定星座圆初始相位和半径等参数, 从而进行星座映射。考虑到最优 APSK 调制的内外圆半径之比不是整数, 在 FPGA 实现时需要对星座点同相正交路数据进行量化。通过观察数据的特点, 取外圆半径为 1, 外圆内圆半径之比取 $\rho = 2.7$, 采取 12 bit 量化位数, 其中第一位表示符号位, 第二位表示整数位, 剩下 10 bit 表示小数位, 这样小数位的量化精度可以达到小数点之后第三位。之所以这样设置量化规则, 是因为设置外圆半径为 1 后, 星座点的有效数据都集中在小数位上。16APSK 星座点实部虚部量化值如表 4.9 所示,将上述 I、Q 两路量化值分别存入 Rom,通过查找表法即可实现 APSK 的星座映射。

表 4.9   16APSK 星座点实部虚部量化值

序号	data_real	data_ima	序号	data_real	data_ima
0	001011000011	001011000011	8	000100000011	001111000110
1	001011000011	110100111101	9	000100000011	110000111010
2	110100111101	001011000011	10	111011111101	001111000110
3	110100111101	110100111101	11	111011111101	110000111010
4	001111000110	000100000011	12	000100000011	000100000011
5	001111000110	111011111101	13	000100000011	111011111101
6	110000111010	000100000011	14	111011111101	000100000011
7	110000111010	111011111101	15	111011111101	111011111101

图 4.61 是星座映射模块 Signaltap 抓取实时数据截图。其中,data_out 表示串并转换之后的输出符号数据,data_real 和 data_ima 分别表示映射后 APSK 信号的 I、Q 两路值,从图中可以看出,APSK 调制信号具有多个电平。

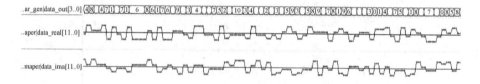

图 4.61   星座映射模块功能验证

3. 成形滤波

这里采用 Quartus 自带的 IP 核 FIR Compiler 设计成形滤波器,其参数设计界面如图 4.62 所示。滤波器类型选择 Root Raised Cosine,窗函数选择 Hanning 窗,滤波器阶数为 47,截止频率为 1 MHz,采样频率为 8 MHz,成形系数 $\alpha = 0.5$,滤波器幅频响应如图所示。除了直接在 IP 核中设置参数外,还可以利用 MATLAB 自带的 rcosfir 函数或者滤波器设计工具箱 fdatool 设计滤波器,然后将滤波器系数保存在 txt 格式文件中,导入 IP 核 FIR Compiler 也能达到同样的效果。图 4.63 是成形滤波模块 Signaltap 抓取实时数据截图,图中,data_maper|data_real 与 data_maper|data_ima 为输入 I、Q 两路信号,ast_source_data 为成形滤波器输出信号。从实现结果看,成形之后的时域波形更加平滑,对应的频谱高频分量更少,从而达到减小码间干扰的效果。将成形后的数据导入 MATLAB,得到成形前后的星座图,如图 4.64 所示。

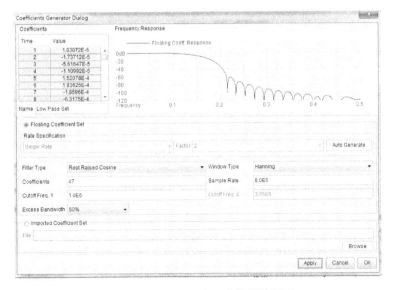

图 4.62　FIR Compiler 参数设计界面

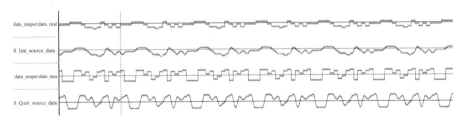

图 4.63　成形滤波模块功能验证

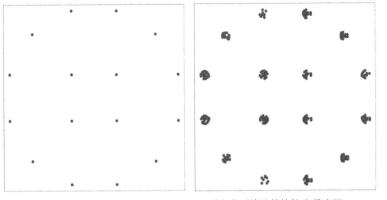

(a) 星座映射模块输出星座图　　　　　(b) 成形滤波模块输出星座图

图 4.64　成形前后的星座图对比

4. 正交调制

正交调制模块采用 ADI 公司的正交数字上变频器 AD9957,其工作时序如图 4.65 所示。

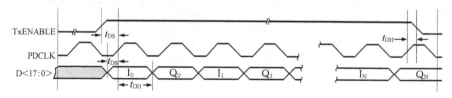

图 4.65 AD9957 的输入信号时序

AD9957 对输入时钟 F_{refclk} 作倍频处理,得到高频率系统时钟 F_{sysclk},系统时钟在 NCO 频率控制字作用下输出所需频率 F_{out},另外分频得到发送端时钟信号 F_{pdclk}。DDS 输出频率计算方法如下:

$$F_{out} = (ftw/2^{32}) \times F_{sysclk}$$

$$F_{sysclk} = NF_{refclk}$$

$$F_{pdclk} = F_{sysclk}/2R$$

式中,ftw 为频率控制字;N 为输入时钟锁相环路(phase lock loop,PLL)的分频比;R 为 CCI 滤波器的速率。

ftw、N、R 都可以通过改变内部控制寄存器(32 bit)和模式寄存器(64 bit)的内容来实现,AD9957 内部寄存器设置如图 4.66 所示。

Addr	+0	+1	+2	+3	+4	+5	+6	+7
0	00	00	00	00	00	01		40
8	18	20	02	1A	2F	41	80	0E
16	50	3F	00	FF	1D	2A	AA	AA

图 4.66 AD9957 内部寄存器设置

图 4.66 中,矩形圈出部分表示寄存器地址,0x00、0x01、0x02 对应 3 个 32 位控制寄存器,0x0E 对应 64 位模式寄存器。其中,0x02 中的 7∶1 位表示 N,0x0E 中的 63∶58 表示 R,0x0E 的 31∶0 表示 ftw。N 为 64,R 为 20,ftw 为 0x1D2AAAAA,所以输出中频为 70 MHz,系统时钟为 614.4 MHz,F_{pdclk} 为 15.36 MHz。图 4.67 是正交调制模块 Signaltap 实时数据抓取截图。

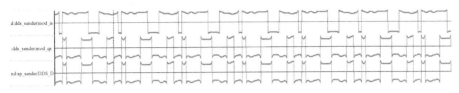

图 4.67　正交调制模块功能验证

图 4.67 中，mod_is 与 mod_qs 为输入正交调制器的信号，DDS_D 为已调信号。由 AD9957 工作时序可知，在控制时钟的作用下，输出已调信号为 I、Q 两路数据交替排列。由于 Signaltap 存储深度限制，如果使用正交调制器工作时钟进行采样，则抓取到的数据范围将很小。工程中一般采用工作时钟的整数倍分频时钟作为 Signaltap 采样时钟，此时就会出现图 4.67 所示的结果。将调制信号导入 MATLAB，通过仿真分析得到频谱图，如图 4.68 所示。

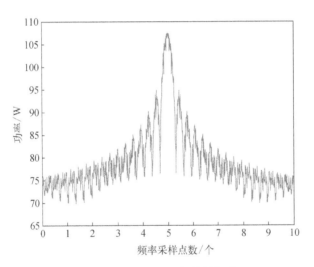

图 4.68　16APSK 调制信号频谱

5. 数据判决

对同步后数据的硬判决主要在于根据 I、Q 两路同步数据求解出对应符号点的幅值和相角，进而根据 16APSK 星座特点来划定判决区域，完成数据判决。坐标旋转数字计算（coordinate rotation digital computer，CORDIC）算法利用旋转逼近的思想，通过多次迭代来求解固定值的幅度和角度，迭代次数越多，精度越高，对 I、Q 两路数据运用 CORDIC 算法，可求解出所对应的幅度值和角度值，算法实现时，采用高速流水线结构迭代 16 次，图 4.69 是 CORDIC 算法实现模块中的 Signaltap 实时数据抓取截图。

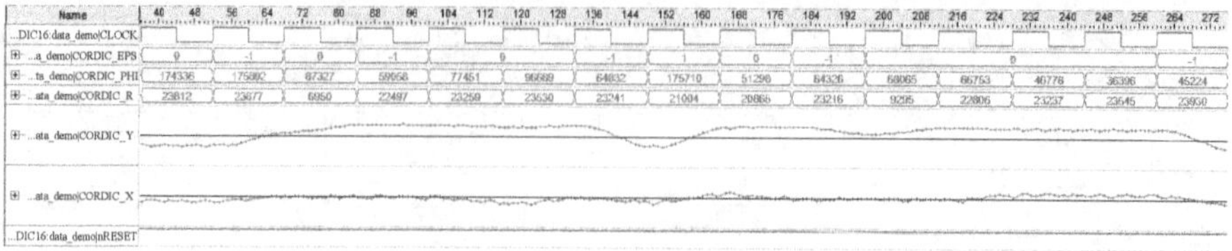

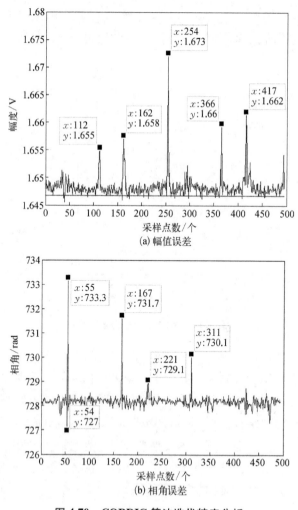

图 4.69 CORDIC 算法功能验证

图 4.69 中，CORDIC_X/Y 是输入判决模块的 I、Q 两路数据，CORDIC_R、CORDIC_PHI、CORDIC_EPS 分别表示算法输出的幅度值、角度值、误差值。为了验证 CORDIC 算法的精度，现将抓取出的数据导入 MATLAB，得到结果如图 4.70

(a) 幅值误差

(b) 相角误差

图 4.70 CORDIC 算法迭代精度分析

所示,程序里利用 18 位无符号二进制数表示角度$[0°,360°]$,所以每度的对应值为 $2^{18}/360=728.178$,相角误差仿真如图 4.70(b)所示,相角相对误差最大值为 0.7%。另外,CORDIC 算法中的每次迭代都会带来一定的幅值增益,当迭代次数足够多时,该增益极限趋于 1.646 8,如图 4.70(a)所示,幅值相对误差最大值为 1.59%,可以看出 16 次迭代后的精度足够准确,可以进行数据判决。

第 5 章　飞行器通信链路
信号同步技术

5.1　同步误差对系统的影响

首先,以 SC – FDE 为例,探讨定时同步误差、频率同步误差对系统的影响。

5.1.1　定时误差对系统的影响

为描述方便,这里在分析定时偏差影响时,假定为理想信道,且忽略噪声对系统的影响。假设定时误差为 Δn,接收信号可以表示为

$$r(n) = s(n - \Delta n) \tag{5.1}$$

定义:

$$m = n - \Delta n \tag{5.2}$$

将式(5.2)代入式(5.1),并对式(5.1)作离散傅里叶变换(discrete Fourier transform,DFT):

$$R(k) = \mathrm{DFT}\{s(n - \Delta n)\}$$

$$= \sum_{m=0}^{N-1} s(m) \exp[-\mathrm{j}2\pi(m + \Delta n)k/N] \tag{5.3}$$

对式(5.3)作反离散傅里叶变换(inverse discrete Fourier transform,IDFT):

$$\hat{r}(n) = \mathrm{IDFT}\{R(k)\}$$

$$= \frac{1}{N}\sum_{m=0}^{N-1} s(m) \sum_{k=0}^{N-1} \exp(-\mathrm{j}2\pi\Delta nk/N - \mathrm{j}2\pi mk/N + \mathrm{j}2\pi nk/N)$$

$$= \frac{1}{N}\sum_{m=0}^{N-1} s(m) \sum_{k=0}^{N-1} \exp\left[-\mathrm{j}2\pi k\left(\frac{m + \Delta n - n}{N}\right)\right] \tag{5.4}$$

又由于

$$\sum_{m=0}^{N-1} \exp(\mathrm{j}2m\theta) = \frac{1 - \exp(\mathrm{j}2N\theta)}{1 - \exp(\mathrm{j}2\theta)} = \frac{\sin(N\theta)}{\sin\theta}\exp\bigl[-\mathrm{j}(N-1)\theta\bigr] \quad (5.5)$$

将式(5.5)代入式(5.4)化简得到

$$
\begin{aligned}
\hat{r}(n) &= \frac{1}{N}\sum_{m=0}^{N-1} s(m)\,\frac{1 - \exp\bigl[-\mathrm{j}2\pi(m + \Delta n - n)\bigr]}{1 - \exp\bigl[-\mathrm{j}2\pi(m + \Delta n - n)/N\bigr]} \\
&= \frac{1}{N}s(n)\,\frac{1 - \exp\bigl[-\mathrm{j}2\pi(\Delta n)\bigr]}{1 - \exp\bigl[-\mathrm{j}2\pi(\Delta n)/N\bigr]} \\
&\quad + \frac{1}{N}\sum_{\substack{m=0\\ m \neq n}}^{N-1} s(m)\,\frac{1 - \exp\bigl[-\mathrm{j}2\pi(m + \Delta n - n)\bigr]}{1 - \exp\bigl[-\mathrm{j}2\pi(m + \Delta n - n)/N\bigr]}
\end{aligned} \quad (5.6)
$$

式(5.6)中右侧的第一项为有用信号,第二项为其他符号引起的码间干扰,即 ISI。结合式(5.6),且考虑到数据符号均值为零,互不相关,则信干比可以表示为

$$\mathrm{SIR} = \frac{\left|\dfrac{\sin(-\pi\Delta n)}{\sin(-\pi\Delta n/N)}\right|^2}{\dfrac{1}{N}\displaystyle\sum_{\substack{m=0\\ m \neq n}}^{N-1}\left|\dfrac{\sin\bigl[-\pi(m + \Delta n)\bigr]}{\sin\bigl[-\pi(m + \Delta n)/N\bigr]}\right|^2} \quad (5.7)$$

由式(5.7)可以看出,当 Δn 趋向于 0 时,SIR 趋向于无穷大,即不存在符号间干扰。反之,当 Δn 趋向于 1 时,SIR 将趋向于 0,即由于干扰太大,已经无法解调出有用信号。

当采样偏差过大时,除造成以上影响外,还会导致 FFT 窗的偏移,产生数据块间干扰。图 5.1 显示的是在多径信道情况下,FFT 窗口定时偏差对误码率的影响情况。仿真条件如下:数据传输速率为 2.5 Mbps、SUI-3 信道、无频率偏差、仿真长度为 1 帧。从图中可以看出,当 FFT 窗滞后 1/2 个码元长度,在信噪比为 6 dB 时,误码率 BER 已经比理想情况下高出将近一个量级。当 FFT 窗滞后 1 个码元长度时,误码性能非常差,通过提高信噪比已经不能够改善系统的误码性能了,因此系统需要采用定时准确的同步算法,使得 FFT 窗起始点在多径信道下控制在 1/2 个码元长度范围之内。

5.1.2　频率误差对系统的影响

规定保护间隔 UW 长度为 N_G,数据长度为 N_d,设 T_s 为采样间隔,且采样

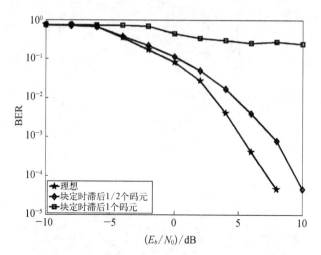

图5.1 FFT窗定时偏差对系统误码率影响的仿真结果

间隔与码元持续时间相同,即每码元采样一次。则第 i 块的第 n 个信号样值表达式可以表示为

$$x_{n,i} = x\{[i(N_d + N_G) + N_G + n]T_s\}, \quad -N_G \leqslant n \leqslant N_d - 1 \quad (5.8)$$

式中,$x(n)$ 为复基带信号,定义离散傅里叶变换对如下:

$$x_{n,i} = \frac{1}{N} \sum_{k=-N/2+1}^{N/2} X_{k,i} e^{j2\pi nk/N}, \quad 0 \leqslant n \leqslant N-1 \quad (5.9)$$

$$X_{k,i} = \sum_{n=0}^{N-1} x_{n,i} e^{-j2\pi nk/N}, \quad -\frac{N}{2} + 1 \leqslant k \leqslant \frac{N}{2} \quad (5.10)$$

式中,$X_{k,i}$ 为第 k 个子载波符号。

受到多径衰落信道和噪声影响的接收信号可表示为

$$r(t) = \sum_{l=0}^{m-1} h_l(t) x(t - \tau_l) + v(t) \quad (5.11)$$

式中,$h_l(t)$ 为信道时变增益;τ_l 为第 l 个路径时延;$v(t)$ 为加性高斯白噪声。

假设最大多径时延小于保护间隔 UW 长度,由于晶振的不稳定及信号传输过程中多普勒频偏的影响,接收信号会受到载波频偏(carrier frequency offset,CFO)Δf 的影响。因此,接收信号中第 i 块的第 n 个采样值可以表示为

$$r_{n,i} = r(t) e^{j2\pi\Delta ft} |_{t=[i(N+N_G)+N_G+n]T_s}, \quad -N_G \leqslant n \leqslant N-1 \quad (5.12)$$

假设信道为准静态(quasi-static),即在每个数据块传输过程中信道参数

保持不变,因此第 l 个路径增益对第 i 个传输块的影响可以表示为 $h_{l,i}$。将式(5.8)和式(5.11)代入式(5.9)中,并且定义 $n_i \equiv i(N+N_G)+N_G+n$,去除保护间隔,则接收端信号可以表示为

$$r_{n,i} = e^{j2\pi n_i\varepsilon/N}\frac{1}{N}\sum_{k=-N/2+1}^{N/2} e^{j2\pi nk/N}H_{k,i}X_{k,i}+v_{n,i}, \quad 0\leq n\leq N-1 \quad (5.13)$$

式中,$\varepsilon \equiv \Delta f \cdot NT_s$,为归一化载波频偏;$v_{n,i}$ 为噪声的时域采样值。

第 k 个子载波对应的信道频率响应为

$$H_{k,i} = \sum_{l=0}^{m-1} h_{l,i}e^{-j2\pi\tau_l k/NT_s}, \quad -\frac{N}{2}+1\leq k\leq \frac{N}{2} \quad (5.14)$$

对式(5.13)作 N 点 FFT,则接收信号频域信号表达式为

$$R_{k,i} = \sum_{n=0}^{N-1} r_{n,i}e^{-j2\pi nk/N} = \lambda_N(\phi_{kk})e^{j\pi[2i(N+N_G)+2N_G+N-1]\phi_{kk}/N}H_{k,i}X_{k,i}+C_{k,i}+V_{k,i}$$

$$(5.15)$$

式中,$V_{k,i}$ 为频域噪声采样值;$C_{k,i}$ 为载波间干扰(inter carrier interference,ICI)项,表达式为

$$C_{k,i} = \sum_{\substack{p=-N/2+1\\p\neq k}}^{N/2} \lambda_N(\phi_{pk})e^{j2\pi[i(N+N_G)+N_G]\phi_{pp}/N}e^{j\pi(N-1)\phi_{pk}/N}H_{p,i}X_{p,i} \quad (5.16)$$

式中,$\phi_{pk} \equiv \varepsilon + p - k$。

观察式(5.15)可以看出,在频域,对于任意子载波符号 $X_{k,i}$,由于 CFO 的存在会引起 ICI。也就说由于 CFO 的存在,信号在频域中不仅存在多径带来的信道衰减,而且增加了 ICI 造成的扰动,这是单抽头频域均衡器无法消除的。此外,载波频偏的存在,会使信道估计误差增大,进而导致信干比严重下降,因此载波频偏对单载波频域均衡系统的影响也是非常大的。

载波频偏对系统误码率性能的影响见图 5.2,其仿真条件如下:数据传输速率为 2.5 Mbps、QPSK 信号调制、采用 SUI-3 信道、无定时偏差、仿真长度为 1 帧。从图中可以看出,载波频偏对系统性能的影响是明显的,当载波频偏为 25 Hz,即 $\varepsilon = 0.00256$ 时,较无频偏条件下,要达到相同的误码率,要多增加约 3 dB 的信噪比。当载波频偏为 250 Hz 时,即 $\varepsilon = 0.0256$ 时,即使增加信噪比也不能够改善系统的误码性能,这就说明即使很小的载波频偏也会严重影响系统性能,因此频偏估计必须非常精确。IEEE 802.16e 中对本地

振荡器的稳定度规定为 ±10 ppm*，在最差情况下会导致 20 ppm 的最大载波频偏。对于最高频率为 2 GHz 的无线传输信道，最大载波频偏为 40 kHz，因此采用的频率同步算法要求捕获范围足够大，以满足系统指标要求。

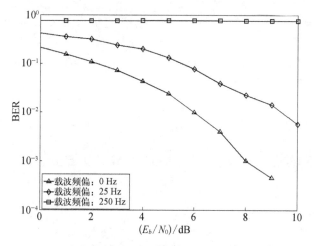

图 5.2　载波频偏对系统误码率影响的仿真结果

5.2　时间同步

5.2.1　信号到达检测

信号到达检测就是要判断何时接收到数据帧，接收端位同步、频率同步及信道估计等都是以信号到达为起始点的，本节将主要研究几种不同的信号到达检测方法。在飞行器通信链路系统中，一般要求在 SUI 信道且 $E_b/N_0 \geqslant 5$ dB 时，信号平均检测概率在 95%，因此需要采用受信道影响小、信号检测概率高的信号到达检测算法，以满足系统信号检测要求。

1. 常用信号到达检测算法

1）单滑动窗口能量检测算法

单滑动窗口能量检测示意如图 5.3 所示。该算法是通过计算一个窗口长度数据的能量，并设定一

图 5.3　单滑动窗口能量检测示意图

个门限值来判断信号是否到达。定义判决变量 $M(n)$ 为

$$M(n) = \sum_{k=0}^{L-1} y_{n-k}^* y_{n-k} = \sum_{k=0}^{L-1} | y_{n-k} |^2 \tag{5.17}$$

式中,L 为滑动窗口长度;$M(n)$ 为在窗口内累积的能量。

　　该算法的优点是简单、计算量较小,问题在于能量阈值的设置需紧密结合信号本身的强度,无法事先预设,必须在接收信号过程中自适应调整,这就会给硬件实现带来一定的困难。

　　2)双滑动窗符号能量检测算法

　　双滑动窗符号能量检测原理如图 5.4 所示,采用两个连续滑动的窗(长度为 L)计算两个窗内的能量:

图 5.4　双滑动窗符号能量检测示意图

$$M_A(d) = \sum_{k=d}^{d+L-1} | r_{k-L} |^2 \tag{5.18}$$

$$M_B(d) = \sum_{k=d}^{d+L-1} | r_{k+L} |^2 \tag{5.19}$$

计算两个窗得到的能量比值 $M(d)$:

$$M(d) = \frac{| M_A(d) |}{| M_B(d) |} \tag{5.20}$$

　　将式(5.20)作为判决变量来进行判决,在信号到达时会出现峰值,该峰值用作定时同步。

　　双滑动窗符号能量检测算法是一种较好的盲同步方法,且判决变量 $M(d)$ 的峰值包含了信号的信噪比信息。但盲同步方法在获取定时时间时较慢,而且此方法也是依靠信号能量进行检测的,同样存在判决阈值随信号能量变化的问题,因此目前一般采用基于前导字结构的信号检测方法。

　　3)基于前导字结构的信号检测算法

　　基于前导字结构的信号检测算法采用了 S&C 算法原理,前导字采用 Schmidl 和 Cox 提出的符号结构,即前后两部分相同 [+A,+A] 的对称结构,其中 A 采用自相关性好的序列。

　　S&C 算法的判决式子表示如下:

$$M(d) = \frac{|P(d)|^2}{[R(d)]^2} \tag{5.21}$$

$$P(d) = R_1^H R_2 = \sum_{k=d}^{d+mL-1} r^*(k) r(mL+k), \quad R(d) = \sum_{k=d}^{d+mL-1} |r(k+mL)|^2 \tag{5.22}$$

式中, m 为单码元采样点数; L 为窗长。

该算法的特点是当数据结构存在循环性时,循环前缀或重复的训练符号,均会使判决度量 $M(d)$ 出现平台效应,这样会严重影响定时准确性。但是应用到信号检测中时,由于只需要确定信号达到的大概位置,恰好可以利用这个平台特性来检测信号的到达。

2. 信号到达检测算法性能影响因素分析

通过以上比较,基于前导字结构的信号检测算法定时可靠,在硬件实现时具有阈值相对固定等优点,因此采用该算法进行信号检测。下面将通过MATLAB仿真,来定量分析该算法的定时性能。

1)窗长对信号检测性能的影响

在 AWGN 信道下, $E_b/N_0 = 10$ dB 时,取不同滑动窗长时得到的定时度量曲线见图5.5。观察定时平台附近的相关值,在窗长 L 为 8 时,其幅度相对较大,随着窗长的增加,周围相关值幅度明显减小,说明该算法对滑动窗长 L 值较为敏感,当 L 较小时,峰值干扰严重,导致信号检测虚警概率增大。这主要是由于滑动窗长过短时,在相关运算过程中,噪声可能出现较强的相关

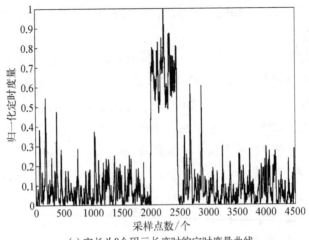

(a) 窗长为8个码元长度时的定时度量曲线

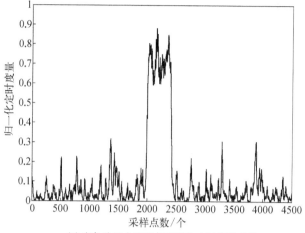

(b) 窗长为16个码元长度时的定时度量曲线

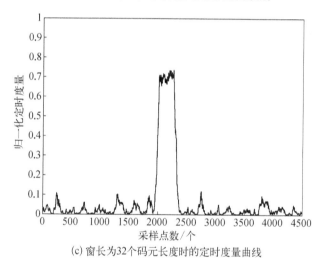

(c) 窗长为32个码元长度时的定时度量曲线

图 5.5　滑动窗长对帧检测效果影响的仿真结果

特性,出现干扰峰值。因此,理论上窗长越大越好,但由于短训练序列长度有限,用于帧检测的窗长过大,会间接影响载波粗同步效果。而且帧检测窗长越大,相应的信号检测计算量就会越大,硬件实现时会消耗过多资源。仿真结果表明,窗长 L 取 32 个码元长度较合适。

2）噪声对信号检测性能的影响

相比滑动窗长 L,这两种算法对信噪比不是特别敏感。由图 5.6 仿真结果可以看出,在 SUI-3 信道下,当滑动窗长为 32 个码元长度时,在不同 E_b/N_0 情况下都能对度量平台周围的干扰峰值加以很好的抑制,这主要是由于滑动

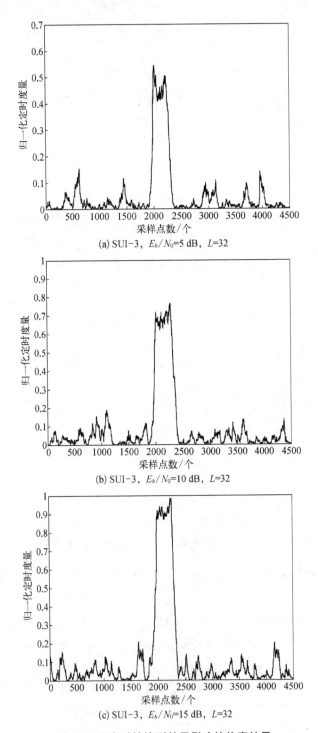

(a) SUI-3，E_b/N_0=5 dB，L=32

(b) SUI-3，E_b/N_0=10 dB，L=32

(c) SUI-3，E_b/N_0=15 dB，L=32

图 5.6　噪声对帧检测效果影响的仿真结果

窗对噪声的平滑及对信号的累加,对噪声起到了进一步的滤除效果。但是随着信噪比的降低,阈值逐渐减小,当小到一定程度的时候就无法正确检测到信号了。由于该算法在低信噪比情况下能够很好地抑制干扰峰,为保证低信噪比情况下信号的被检测概率,可以适当降低检测门限值。根据仿真结果,当滑动窗长为 32 个码元,E_b/N_0 大于 5 dB 时,可以选取阈值为 0.4。

　　基于前导字结构的信号检测算法,在 SUI-3 信道中,门限值设为 0.4 时,不同 E_b/N_0 情况下的信号被检测概率仿真结果见图 5.7,各个情况分别进行 10 000 次仿真。从图 5.7 可以看出,E_b/N_0 为 5 dB 时,信号被检测概率已经达到了 95.9%;E_b/N_0 大于 6 dB 时,信号被检测概率可以达到 100%,仿真结果表明该信号检测算法可以很好地满足系统信号检测要求。

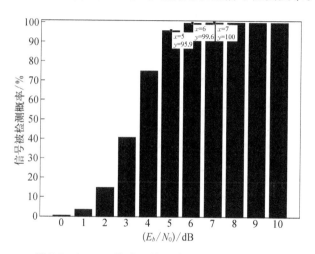

图 5.7　SUI-3 信道下信号被检测概率仿真结果

5.2.2　数据块同步算法

1. 基于前导的数据块同步算法

　　数据块同步采用基于训练符号(前导)的估计算法,主要是利用训练符号的对称特性,对信号进行滑动相关,前面采用的 S&C 算法就属于此类算法。然而 S&C 算法在循环前缀存在的情况下会出现平台效应,而且在频偏较大时的效果也不是很理想,虚警概率高。因此,在 S&C 算法的基础上,相关学者又提出了一些能够较好克服峰值平台效应且对频偏不是特别敏感的改进算法,其中 Minn 算法和 Serpedin 算法就是较为经典的两种改进算法。

1）Minn 算法

该算法采用 $[+A,+A,-A,-A]$ 的训练符号结构（不包含循环前缀），令训练序列 A 的长度 $L=N/4$，其中 N 为 1 个训练符号长度。Minn 算法的度量函数表达式为

$$M_{\text{Minn}}(d) = \frac{|P_M(d)|^2}{R_M^2(d)} \qquad (5.23)$$

$P_M(d)$ 和 $R_M(d)$ 分别表示为

$$P_M(d) = \sum_{k=0}^{1} \sum_{m=0}^{L-1} r^*(d+2Lk+m) \cdot r(d+2Lk+m+L) \qquad (5.24)$$

$$R_M(d) = \sum_{k=0}^{1} \sum_{m=0}^{L-1} |r(d+2Lk+m+L)|^2 \qquad (5.25)$$

2）Serpedin 算法

该算法采用 $[+A,+A,-A,+A]$ 的训练符号结构（不包含循环前缀），度量函数定义为

$$M_{\text{Serpedin}}(d) = \frac{P_S(d)}{R_S(d)} \qquad (5.26)$$

$P_S(d)$ 和 $R_S(d)$ 分别表示为

$$P_S(d) = |R_1^H R_2 - R_3^H R_4 - R_2^H R_3| + |R_2^H R_4 - R_1^H R_3| + |R_1^H R_4| \qquad (5.27)$$

式中，$[\ ]^H$ 表示共轭运算。

$$R_S(d) = 3(|R_3|^2 + |R_4|^2) \qquad (5.28)$$

$R_m^H R_n$ 定义为

$$R_m^H R_n = \sum_{k=0}^{L-1} r^*[d+(m-1)L+k] \cdot r[d+(n-1)L+k] \qquad (5.29)$$

2. 三种数据块同步算法定时性能比较

下面对 S&C 算法及前面提到的两种算法的定时性能进行分析比较。首先在理想信道情况下进行仿真，具体仿真条件为：训练序列总长度为 N，取 72 个码元长度；S&C 算法中，L 取 36 个码元长度；Minn 和 Serpedin 算法中，L 取 18 个码元长度，采样速率为 4 倍符号速率。三种算法的定时度量曲线如图 5.8 所示。

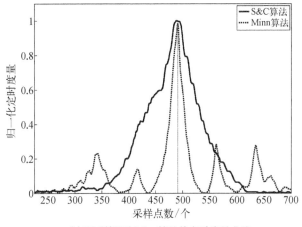

(a) S&C算法和Minn算法的定时度量曲线

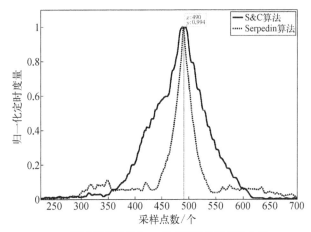

(b) S&C算法和Serpedin算法的定时度量曲线

图5.8 **理想信道下三种算法的定时度量曲线比较**

图5.8中,竖直虚线表示FFT窗口的实际位置,黑色实线为S&C算法定时度量曲线。由图中可以看出,尽管用于块同步的训练符号前并没有加循环前缀,但由于用于块同步的训练符号前后存在长度较短的UW,S&C算法结果中并没有出现尖锐的相关峰。可以看出,在理想情况下,S&C算法的归一化定时度量值为0.99~1时,采样点数约为10,此时采样率为4倍码元速率,因此其定时精度已经超出一个码元长度,根据5.2.1节分析结果,该算法是不能够满足FFT窗精确定时要求的。

相比之下,Minn算法和Serpedin算法的峰值比S&C算法更为尖锐。如

图5.8(a)中的黑色虚线所示,Minn 算法除出现主相关峰外,还出现幅度较大的副相关峰,在实际情况下会使得虚警概率增加,影响定时的准确性。图5.8(b)中的黑色虚线为 Serpedin 算法在理想信道下的定时度量曲线,从图中可以看出 Serpedin 算法具有尖锐的主相关峰,且很好地克服了 Minn 算法所存在的副相关峰值高的问题,因此在 AWGN 信道中,Serpedin 算法的定时性能均优于其他两种算法。

在 SUI－3 信道下,$E_b/N_0 = 10$ dB 时三种算法的定时度量曲线见图 5.9,图中竖直虚线表示 FFT 窗口实际位置。由图可以看出,相比理想信道情况,

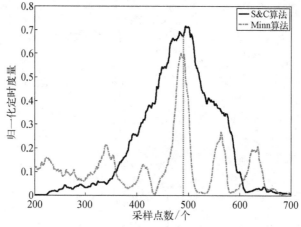

(a) S&C算法和Minn算法的定时度量曲线

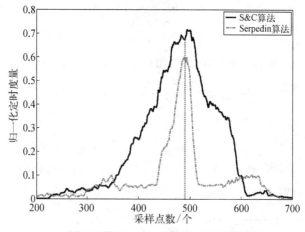

(b) S&C算法和Serpedin算法的定时度量曲线

图5.9　SUI－3信道下三种算法的定时度量曲线比较

S&C 算法相关峰值变得更加模糊,且在噪声和多径干扰的共同影响下,使得 Minn 和 Serpedin 算法的主相关峰值也不再尖锐。从度量曲线的变化可以直观地看出,三种算法的定时性能在多径信道下均有所下降。

在 SUI－3 信道下,不同 E_b/N_0 情况时三种算法的定时误差均值和绝对值标准方差曲线见图 5.10。由图可以看出,在多径信道下,Serpedin 算法的定时性能比其他两种算法都要好。但即使在 E_b/N_0 较高的情况下,三种算法的定时精度均不能够达到系统所要求的 1/2 码元。因此,需要寻求一种在多径信道情况下定时更加准确的块同步算法。

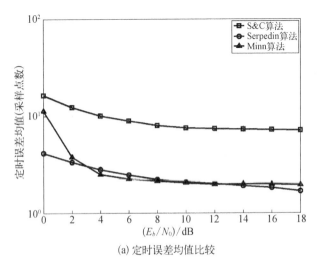

(a) 定时误差均值比较

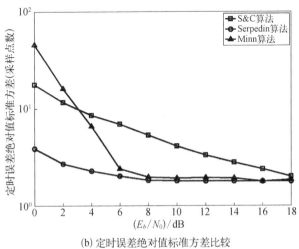

(b) 定时误差绝对值标准方差比较

图 5.10 SUI－3 信道下三种算法的定时性能仿真结果

3. 改进的数据块同步算法

由前面分析可知,三种定时算法的精度在多径信道中均不能满足系统要求,因此本小节在 Minn 算法的基础上,提出一种改进的数据块同步算法。改进思路为:由于相关峰出现的位置是可以预知的,可以通过修改度量函数,尽量减少产生副相关峰的互相关项,并且尽可能使自相关值在副峰出现的位置保持较大值,在主峰出现位置保持与互相关值一致。基于以上改进思路,在保持 Minn 算法 $[+A,+A,-A,-A]$ 训练符号结构的基础上,改进后的定时量度函数为

$$M_{\text{proposed}}(d) = \frac{|P_p(d)|^2}{R_p^2(d)} \tag{5.30}$$

$P_p(d)$ 表达式为

$$P_p(d) = 2\sum_{m=0}^{N/4-1} r^*(d+m) \cdot r\left(d+m+\frac{3N}{4}\right)$$
$$+ 2\sum_{m=0}^{N/4-1} r^*\left(d+m+\frac{N}{4}\right) \cdot r\left(d+m+\frac{N}{2}\right) \tag{5.31}$$

$R_p(d)$ 表达式为

$$R_p(d) = \sum_{m=0}^{N-1} |r(d+m)|^2 \tag{5.32}$$

理想信道下,改进算法度量曲线和 Minn 算法度量曲线的对比见图 5.11。由图 5.11 可以看出,在理想信道情况下,改进 Minn 算法与 Minn 算法的主相关峰基本一致,而副相关峰却得到了很好的抑制,而且通过表 5.1 可以看出,相对于 Minn 和 Serpedin 算法,改进 Minn 算法的计算复杂度适中,适用于硬件实现。

表 5.1 算法复杂度比较

定时算法	复乘法/次	复加法/次
Minn 算法	N	$N-2$
改进 Minn 算法	$\frac{3}{2}N$	$\frac{3}{2}N-2$
Serpedin 算法	$2N$	$2N-2$

下面通过 MATLAB 仿真,来具体研究改进 Minn 算法在多径信道中的定时性能。三种数据块同步算法的定时偏差均值和绝对值标准方差仿真结果如图 5.12

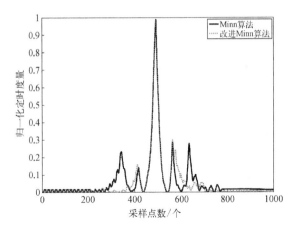

图 5.11　Minn 算法及其改进算法的定时度量曲线

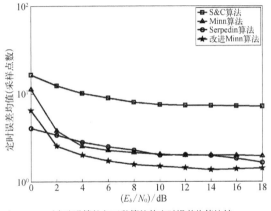

(a) 改进算法与三种算法的定时误差均值比较

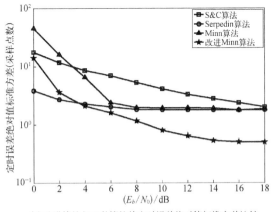

(b) 改进算法与三种算法的定时误差绝对值标准方差比较

图 5.12　SUI-3 信道中改进 Minn 算法与三种算法的定时性能比较

所示,仿真条件如下:SUI-3信道,每符号4个采样点,采用本书设计的帧格式,在相同 E_b/N_0 条件下分别进行 10 000 次仿真。

由图 5.12 可以看出,在 E_b/N_0 较低的情况下,改进 Minn 算法的定时性能比 Serpedin 算法稍差,但随着信噪比的提高,其定时误差均值和绝对值标准方差曲线下降很快,当 $E_b/N_0 \geqslant 10$ dB 时,改进 Minn 算法的定时精度和稳定度明显高于其他三种算法。仿真统计数据表明,当 $E_b/N_0 = 10$ dB 时,S&C 算法的定时误差均值约为 7 个采样点,Serpedin 算法和 Minn 算法的定时偏差均值约为 2 个采样点,而改进 Minn 算法则小于 2 个采样点。并且,此时前三种算法的定时误差绝对值标准方差均大于 4 个采样点,而改进 Minn 算法的绝对值标准方差则小于 1 个采样点,说明改进算法的定时性能优于其他三种算法,在 E_b/N_0 为 10 dB 时,其定时精度就可以达到 1/4 码元。进一步提高信噪比时,采用改进 Minn 算法能准确找到数据块的起始位置,能够很好地满足系统数据块同步要求。

5.2.3 位同步算法

位同步的主要目的是通过调整采样频率及相位,使采样位置尽量接近接收信号的峰值。本节在进行位同步时,采用了一种典型的全数字定时恢复环路,不需要对本地采样时钟进行调整,相比传统的模拟同步时钟恢复方式及混合时钟恢复方式,该方法具有跟踪同步时间短、定时精度高、硬件实现简单等优点。

1. 位同步算法原理

位同步环路结构如图 5.13 所示,该定时环路主要包括三个主要部分:定时误差检测、插值控制和环路滤波部分。

假设调制信号符号周期为 T,接收端采样周期为 T_s,插值输出采样周期为 T_i,$T_i = T/k$,其中 k 一般取 2 或 4。接收端采样信号为 $x(mT_s)$,经过插值滤波后的输出信号为 $y(kT_i)$,则有

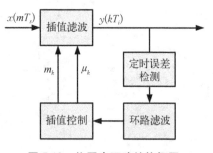

图 5.13　位同步环路结构框图

$$y(kT_i) = \sum_m x(mT_s)h_I(kT_i - mT_s) \tag{5.33}$$

式中,h_I 为内插滤波器脉冲响应。

以采样周期 T_s 表示插值输出信号，作如下变换：

$$kT_i = (m_k + \mu_k)T_s \tag{5.34}$$

式中，$m_k = \mathrm{INT}(kT_i/T_s)$，称为基本指针；$\mu_k = (kT_i/T_s) - m_k$，称为分数间隔，$0 \le \mu_k < 1$；$m_k$、$\mu_k$ 表示 T_i 与 T_s 的关系，如图 5.14 所示，m_k 决定了计算第 k 个内插输出值 $y(kT_i)$ 所采用的 $N(N = N_2 - N_1 + 1)$ 个接收信号的采样值，μ_k 则指示了定时误差，而且决定了插值滤波器滤波系数。

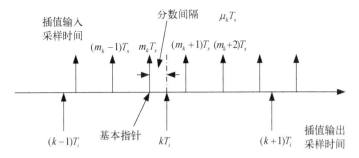

图 5.14　插值滤波输入和输出采样时间关系

线性插值系数为[17]

$$\begin{cases} C_{-1}(\mu) = \mu \\ C_0(\mu) = 1 - \mu \end{cases} \tag{5.35}$$

立方插值滤波器系数为

$$\begin{cases} C_{-2}(\mu) = \dfrac{1}{6}\mu^3 - \dfrac{1}{6}\mu \\[2mm] C_{-1}(\mu) = -\dfrac{1}{2}\mu^3 + \dfrac{1}{2}\mu^2 + \mu \\[2mm] C_0(\mu) = \dfrac{1}{2}\mu^3 - \mu^2 - \dfrac{1}{2}\mu + 1 \\[2mm] C_1(\mu) = -\dfrac{1}{6}\mu^3 + \dfrac{1}{2}\mu^2 - \dfrac{1}{3}\mu \end{cases} \tag{5.36}$$

通过以上分析可知，m_k、μ_k 在整个定时算法中具有非常关键的作用，在环路中这两个参数是由插值控制器产生的。

NCO 是一个相位累加器，其差分方程为

$$\eta(m + 1) = [\eta(m) - w(m)]\mathrm{mod}1 \tag{5.37}$$

式中，$w(m)$ 为相位步长，它由环路滤波器进行调节，从而找到最佳采样点。

分数间隔 μ_k 计算原理示意如图 5.15 所示，根据三角形相似原理可以得出 μ_k 的计算表达式为

$$\mu_k = \frac{\eta(m_k)}{1 - \eta(m_k + 1) + \eta(m_k)} = \frac{\eta(m_k)}{w(m_k)} \qquad (5.38)$$

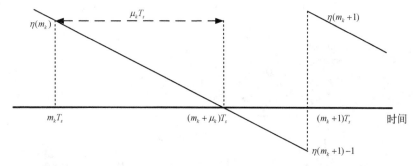

图 5.15 μ_k 值计算原理示意

定义滤波器指针：

$$i = m_k - m \qquad (5.39)$$

则 $y(kT_i)$ 表达式可写为

$$y(kT_i) = y\big[(m_k + u_k)T_s\big]$$

$$= \sum_{i=N_1}^{N_2} x\big[(m_k - i)T_s\big]h_I\big[(i + \mu_k)T_s\big] \qquad (5.40)$$

式（5.40）即为数字内插滤波器的基本方程。

综上所述，位时钟恢复算法就是通过提取定时误差，控制 m_k、μ_k 值的变化，来调整 $y(kT_i)$ 的位置及大小，从而达到定时调整目的的。

2. 定时误差检测算法

定时误差检测是在接收端 A/D 采样得到数字信号之后，利用一个码元内的一个或几个抽样点来检测信号相位的偏差。基于反馈结构的相位差提取算法一般有早-迟门定时误差估计算法、Gardner 定时误差估计算法、Mueller – Muller 定时误差估计算法（简写为 M&M 算法）等。由于 M&M 算法和 Gardner 定时误差估计算法对符号采样点数的要求不高，适用于高速率数据传输，这里重点对这两种算法的原理和性能进行研究。

1) M&M 算法

M&M 算法中,每符号只需 1 个采样点,误差计算公式如下:

$$e_n = (\hat{y}_n y_{n-1}) - (y_n \hat{y}_{n-1}) \tag{5.41}$$

式中,y_n、y_{n-1} 分别表示当前符号和前一符号的实际采样值;$\hat{y}_n$、$\hat{y}_{n-1}$ 分别表示当前符号和前一符号采样值的判决值,其误差计算原理如图 5.16 所示,图 5.16(a) 表示采样超前,为分析方便,这里假设 y_n、$\hat{y}_n$ 分别为 0.5、1,y_{n-1}、$\hat{y}_{n-1}$ 分别为 -0.8、-1,根据误差计算公式可得

$$e_n = (-0.8 \times 1) - (-1 \times 0.5) = -0.3 \tag{5.42}$$

同理,如图 5.16(b) 所示,当采样同步时可得

$$e_n = (0 \times 1) - (-1 \times 0) = 0 \tag{5.43}$$

如图 5.16(c) 所示,当采样滞后时可得

$$e_n = (-0.5 \times 1) - (-1 \times 0.8) = 0.3 \tag{5.44}$$

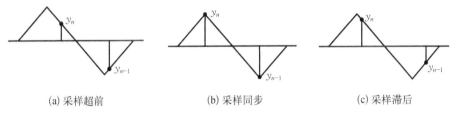

(a) 采样超前　　　　　　　(b) 采样同步　　　　　　　(c) 采样滞后

图 5.16　M&M 算法定时误差检测原理示意图

该算法的缺点是对载波频偏敏感,如图 5.17 和图 5.18 所示,仿真条件如下:理想信道、采样频偏为 100 ppm(相对于采样时钟)。在上述条件下,未加载波频偏,采用 M&M 算法时,得到的定时误差曲线、插值分数间隔及频域均衡后的信号星座图见图 5.17。载波频偏为 50 Hz 时,采用 M&M 算法得到的定时误差曲线、插值分数间隔及频域均衡后的信号星座图见图 5.18。通过比较两图,可以很明显地看出,由于载波频偏的影响,M&M 算法不能够正确检测信号的定时误差,进而使得插值滤波器无法准确插值,导致均衡后的信号星座图变得发散,影响信号的正确判决。因此,采用 M&M 算法进行定时误差检测时,载波同步必须先于定时同步,且对载波的同步精度要求很高。

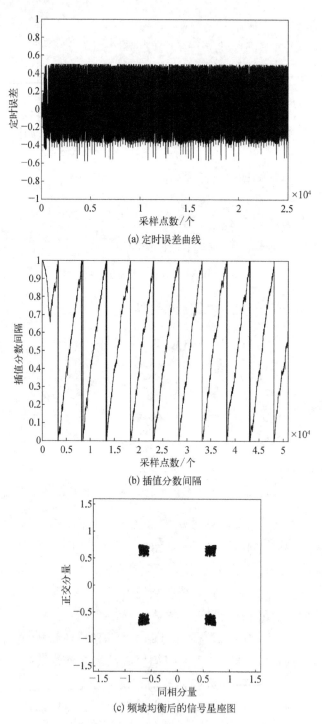

(a) 定时误差曲线

(b) 插值分数间隔

(c) 频域均衡后的信号星座图

图 5.17 无载波频偏时 M&M 算法的定时误差估计效果

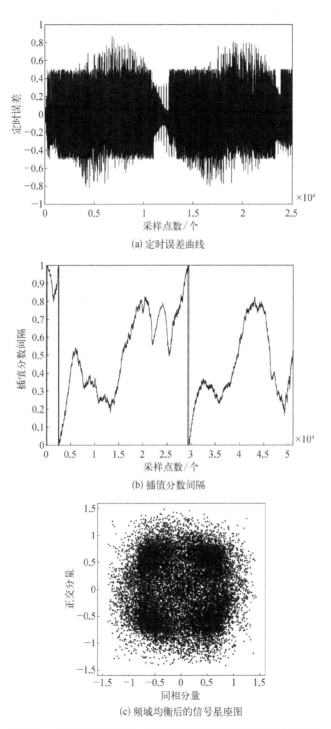

(a) 定时误差曲线

(b) 插值分数间隔

(c) 频域均衡后的信号星座图

图 5.18　载波频偏为 50 Hz 时 M&M 算法的定时误差估计效果

2）Gardner 定时误差估计算法

Gardner 定时误差估计算法在实际定时恢复环路中广泛应用,该算法的误差计算公式如下:

$$e_n = (y_n - y_{n-2})y_{n-1} \tag{5.45}$$

式中,y_n 与 y_{n-2} 的采样间隔为一个符号持续时间 T_s;y_n 与 y_{n-1} 的采样间隔为半个符号长度。

图 5.19 为 Gardner 定时误差检测原理示意图,其中图 5.19(a)为采样超前示意图,假设 $y_{n-2} = -1$,$y_{n-1} = -0.1$,$y_n = 0.8$,则通过式(5.45)可以计算出定时误差 $e_n = -0.18$;图 5.19(b)为采样同步示意图,由图可知 $e_n = 0$;图 5.19(c)为采样滞后示意图,假设 $y_{n-2} = -1$,$y_{n-1} = 0.1$,$y_n = 0.8$,同理可得定时误差 $e_n = 0.18$。

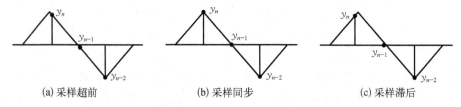

(a) 采样超前   (b) 采样同步   (c) 采样滞后

图 5.19　Gardner 定时误差检测原理示意图

此算法中,每符号只需两个采样点,并且对载波频偏不是很敏感。图 5.20 和图 5.21 分别为理想信道情况下,采样频偏为 100 ppm,无载波频偏和载波频偏为 50 Hz 时,采用 Gardner 定时误差估计算法得到的定时误差曲线、插值分数间隔及频域均衡后的信号星座图。从图中可以看出,载波频偏对定时算法基本没有影响,系统在载波频偏存在的情况下依然能够表现出良好的性能。

由于 Gardner 算法所需采样点数较少,算法简单,且对载波频偏不敏感,这里采用此算法作为系统定时误差检测算法。

3. 插值滤波算法

在理想情况下,根据香农采样理论,采用 sinc 理想插值函数,可由信号抽样值 $y(mT_s)$ 准确得到 $y(t)$ 任意时刻的值:

$$y(t) = \sum_{m=-\infty}^{\infty} h_I(t - mT_s)y(mT_s) \tag{5.46}$$

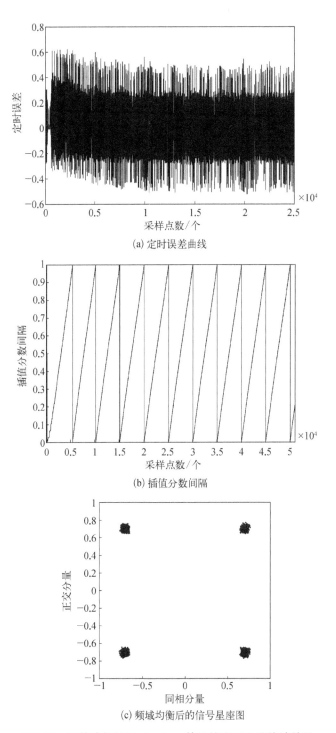

(a) 定时误差曲线

(b) 插值分数间隔

(c) 频域均衡后的信号星座图

图 5.20 无载波频偏时 Gardner 算法的定时误差估计效果

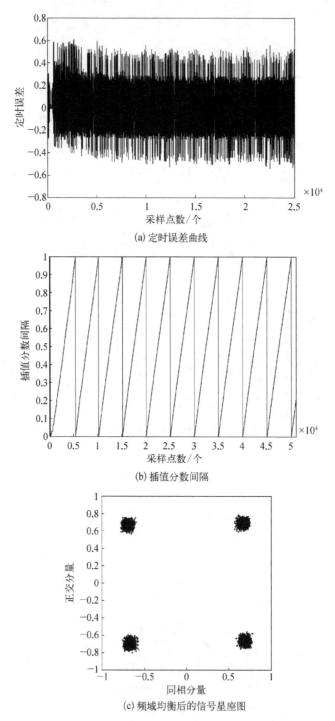

(a) 定时误差曲线

(b) 插值分数间隔

(c) 频域均衡后的信号星座图

图 5.21　载波频偏为 50 Hz 时 Gardner 算法的定时误差估计

其中,

$$h_I(t) = \sin(\pi t/T_s)/(\pi t/T_s) \tag{5.47}$$

但式(5.46)是个无限求和公式,是不可实现的。在实际中可以选择合理的系数,只需要几个抽样点即可逼近理论值,常用的内插器一般采取多项式插值的方法,如线性插值、立方插值和分段抛物线内插等。三种插值滤波器的脉冲响应及频域响应如图 5.22 所示。

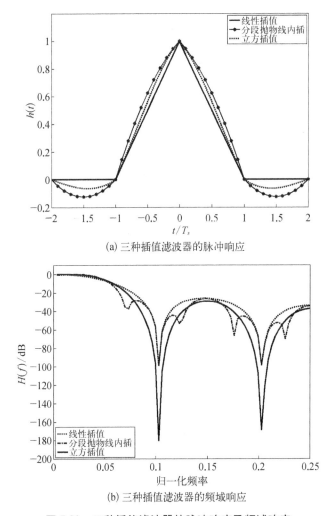

(a) 三种插值滤波器的脉冲响应

(b) 三种插值滤波器的频域响应

图 5.22　三种插值滤波器的脉冲响应及频域响应

由图 5.22 可以看出,与其他两种插值滤波器相比,立方插值滤波器具有更为平坦的幅度响应,具有更好的边带抑制性能。但线性插值具有硬件实现简单、在性能方面能够满足多数调制应用的特点,特别是在低倍采样率情况下也能够表现出良好性能,仿真结果也证实了这一点。采用线性插值与立方插值进行定时同步,最后得到的系统误码率曲线见图 5.23,仿真条件如下:接收端采样率为 4 倍符号速率,采样频偏为 100 ppm,采用 SUI－1、SUI－3、SUI－5 信道。由图 5.23 可以看,在三种信道下,两种插值方法的系统误码率曲线非常接近。

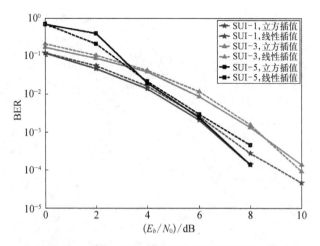

图 5.23　线性插值与立方插值系统的误码率对比

4. 位同步算法仿真验证

为分析位同步算法在系统中的同步性能,构建仿真模型如下:数据速率为 2.5 Mbps,调制模式为 QPSK,升余弦滤波滚降系数为 0.5,采用 SUI－3 信道,定时频偏为 100 ppm,接收端采样率为 4 倍码元速率,仿真数据长度为1 帧。

图 5.24 为插值滤波前后信号实部幅值曲线,从图中可以看出,由于存在采样频偏,经过 1 帧长度后,实际接收信号已经超前理想接收信号约 10 个采样点,即 2.5 个码元长度(1 帧包含 25 600 个码元数)。经过插值后得到的信号却能够很好地与理想接收信号相吻合,说明环路起到了定时跟踪的效果。

插值滤波前后的信号星座图如图 5.25 所示,从图可以看出,经过插值滤波后的数据点非常集中,这是由于插值点大部分位于信号的峰值,起到了提高接收信号信噪比的作用。

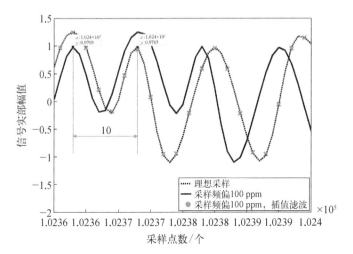

图 5.24　插值滤波前后信号实部幅值曲线对比

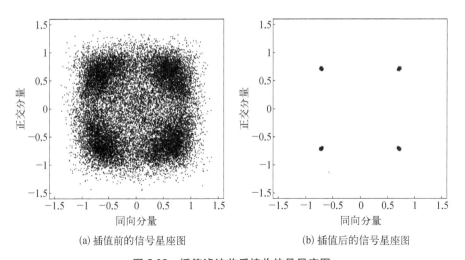

(a) 插值前的信号星座图　　　　　　　(b) 插值后的信号星座图

图 5.25　插值滤波前后接收信号星座图

图 5.26 为采样频偏 100 ppm 时,定时环路 NCO 输出的分数间隔,即定时误差估计值。由图可见,分数间隔的稳态输出是以 5 000 个采样点为周期重复出现的,即在 1 帧传输时间长度内,环路约进行了 10 次定时调整,对定时频偏起到了很好的跟踪效果。

插值滤波后和理想同步无采样频偏情况下的系统误码率对比结果如图 5.27 所示。仿真时分别采用三种 SUI 信道,采样频偏设为 100 ppm。相对于理想同步情况,在相同误码率条件下,插值滤波后的性能增益最多只下降了约 1 dB。采样频偏为 100 ppm 时,插值滤波前后系统误码率性能曲线对比结果如图 5.28

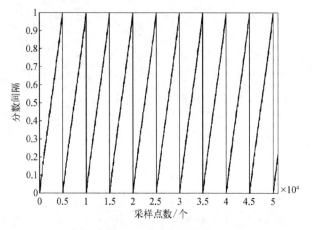

图 5.26   定时误差输出

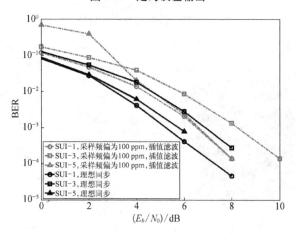

图 5.27   定时环路系统误码率曲线

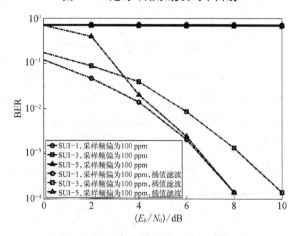

图 5.28   插值滤波前后的系统误码率对比

所示,由图可以看出,与位同步前的系统误码率性能相比,定时环路对系统性能起到了明显的改善作用。

5.3 频率同步

5.3.1 频偏捕获方法

1. 基于训练序列的频偏估计算法

Moose[45]首先提出了一种基于前导训练序列的最大似然估计算法,该算法采用两个相同的训练序列,训练序列长度等于数据块长度。假设在理想同步和理想信道条件下,接收到的两个训练序列分别为 $r_1(n)$ 和 $r_2(n)$,对其 N 点作 FFT 处理后,其频域表达式为

$$\begin{cases} R_1(k) = \sum_{n=0}^{N-1} r_1(n)\exp(-2\pi\mathrm{j}nk/N), & k = 0, 1, 2, \cdots, N-1 \\ R_2(k) = \sum_{n=0}^{N-1} r_2(n)\exp(-2\pi\mathrm{j}nk/N), & k = 0, 1, 2, \cdots, N-1 \end{cases} \quad (5.48)$$

由于频偏 Δf 的影响, $r_2(n) = r_1(n)\exp(\mathrm{j}2\pi\Delta f)$,代入式(5.48)可得

$$R_2(k) = R_1(k)\exp(\mathrm{j}2\pi\Delta f) \quad (5.49)$$

通过对 FFT 输出值进行相关运算,可以得到 Δf 的最大似然估计值:

$$\Delta\hat{f} = \frac{1}{2\pi}\tan^{-1}\left\{\frac{\sum_{k=-K}^{K}\mathrm{Im}\left[R_2(k)R_1^*(k)\right]}{\sum_{k=-K}^{K}\mathrm{Re}\left[R_2(k)R_1^*(k)\right]}\right\} \quad (5.50)$$

由以上表达式可以看出,Moose 算法中需对两个训练序列进行 FFT 运算,实现复杂度较大。而且该算法采用的两个相同训练序列的长度均为一个数据块长度 N,因此所需的训练序列持续时间较长。并且该算法是在假设定时同步已经完成的情况下进行频偏估计的,对定时同步要求严格,在应用时受到了一定的限制。

Schmidl 和 Cox 在 Moose 算法原理基础上,提出了一种基于时域的最大似然估计算法,采用两块相同的训练序列,但每个训练序列长度仅为 1/2 数据块长度。假设接收信号为 $y(k)$,对接收到的训练序列作时域相关:

$$P(d) = \sum_{n=0}^{L_0-1} y(d+k)y^*(d+k+L) \tag{5.51}$$

式中,L_0 为观测长度;L 为相关间隔。

在该算法中,L_0 与 L 均为 $N/2$。假设单个码元的持续时间长度为 T,则载波频偏估计值为

$$\Delta\hat{f} = \text{angle}[P(d)]/(2\pi LT) \tag{5.52}$$

相比 Moose 算法,S&C 算法是在时域进行频偏估计的,其计算量小、实现简单。因此,本节在进行频偏估计时采用了基于训练序列的时域频偏估计算法。

2. 频偏估计算法性能影响因素分析

由频偏计算表达式(5.51)和式(5.52)可以看出,频偏估计范围和估计精度与观测长度 L_0 和相关间隔 L 有关,下面通过仿真来具体研究这两个因素对频偏估计的影响。仿真条件如下:码速率为 2.5 Mbps,调制方式为 QPSK,成形滤波滚降系数 $\alpha = 0.5$,采用 SUI - 3 信道,所设载波频偏 $\Delta f = 10$ kHz,相同条件下分别进行 10 000 次仿真。用于描述算法性能的统计参数为归一化均方误差(mean square error, MSE),其定义如下:

$$\text{MSE} = \frac{1}{N_t} \sum_{i=1}^{N_t} (\varepsilon - \hat{\varepsilon}_i)^2 \tag{5.53}$$

式中,ε 为实际频偏;$\hat{\varepsilon}_i$ 为频偏估计值;N_t 为仿真次数。

1) 观测长度对算法的影响

取相关间隔 L 等于 8 个符号长度,观测长度 L_0 分别为 8、16、24、32 个符号长度,不同信噪比下对应的归一化残余频偏均方差见图 5.29。从仿真结果可以看出,在相同信噪比情况下,观测长度越长,归一化残余频偏的均方误差越小,也就是说,通过增加观测长度可以在一定程度上降低噪声对算法的影响,进而使得频偏估计更为准确。

2) 相关间隔对算法的影响

取观测长度 L_0 等于 32 个符号长度,相关间隔 L 分别为 8、16、24、32 符号长度,载波估计的归一化残余频偏曲线见图 5.30。由仿真结果可以看出,在相同信噪比和观测长度情况下,相关间隔越大,归一化残余频偏的均方误差越小,估计精度越高。

由于相角的变化范围为 $[\pi, -\pi]$,由式(5.52)可以得到该算法的频偏估

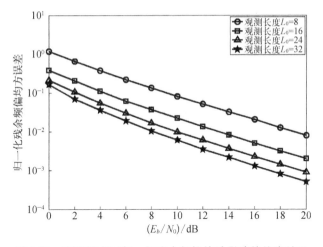

图 5.29　观测长度对归一化残余频偏估计影响的仿真结果

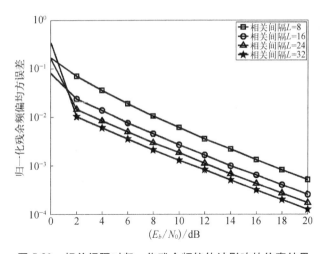

图 5.30　相关间隔对归一化残余频偏估计影响的仿真结果

计范围为 $[-F/2L, F/2L]$，其中 F 为符号传输速率，L 为相关间隔。结合以上分析可知，该算法中的估计范围与估计精度是矛盾的：相关间隔 L 越小，估计范围越大，估计精度越低；反之，估计范围越小，估计精度则越高。对于飞行器图传系统，当载波频率最大值为 2 GHz，晶振偏差为 20 ppm 时，会产生最大值为 40 kHz 的系统频偏。由于符号传输速率 $F = 2.5$ MHz，当采用 S&C 算法进行频偏估计时，理论频偏估计范围为 $-9.77 \sim 9.77$ kHz，显然不能满足系统要求。

为同时满足系统估计范围和估计精度要求，本节采用粗、细联合的频率同步方法,即先利用短训练序列进行粗频偏估计,保证系统具有大的频偏检测能力。然后利用粗校正后的长训练序列进行频偏细估计,以保证系统频偏估计的精度,这样就使得频偏估计更加灵活。

3. 粗细联合的频偏估计算法性能分析

现对以上提出的频偏估计算法性能进行仿真研究,仿真条件如下:码速率为 2.5 Mbps、调制方式为 QPSK、成形滤波滚降系数 $\alpha = 0.5$、采用 SUI－3 信道,在相同 E_b/N_0 取值条件下分别进行 10 000 次仿真。

分别令归一化载波频偏 ε 值取 10.24、1.024、0.102 4、0.010 24,则对应的载波频偏 Δf 分别为 100 kHz、10 kHz、1 kHz、100 Hz。这里只进行两次频偏估计:频偏粗估计相关间隔 L 取 8 个符号长度,此时频偏捕获范围可以达到 $-156 \sim 156$ kHz,观测长度 L_0 取 32 个符号长度。频偏细估计相关间隔 L 和观测长度 L_0 均采用 128 个符号长度,此时频偏细估计为 $-9.77 \sim 9.77$ kHz。粗估计与细估计相结合的残余载波频偏绝对值均值和归一化残余载波频偏均方误差的仿真结果见图 5.31。

由图 5.31 可以看出,残余载波频偏绝对值均值和归一化残余载波频偏均方误差均随信噪比的提高而减小,在频偏大小不同的情况下,载波频偏估计性能基本一致。同时可以观察到,频偏粗估计补偿后,残余载波频偏绝对值均值在 0 dB 时可以控制在 3 kHz 左右,能够保证残余频偏在频偏细估计范围之内。仿真结果表明,当 E_b/N_0 大于 14 dB 时,经过粗、细频偏估计与补偿,系统残余载波频偏绝对值均值能够控制到 25 Hz 以内,在系统可承受范围之内。

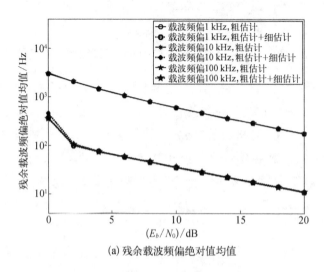

(a) 残余载波频偏绝对值均值

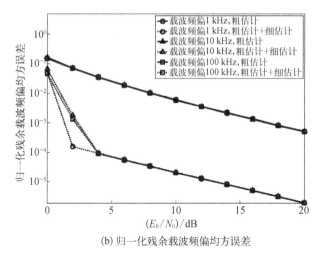

(b) 归一化残余载波频偏均方误差

图 5.31　粗细联合的频偏估计算法性能分析

　　载波同步前后的接收信号星座图变化如图 5.32 所示,仿真条件如下:码速率为 2.5 Mbps、调制方式为 QPSK、成形滤波滚降系数 $\alpha = 0.5$、采用理想信道、信噪比为 30 dB、系统所设载波频偏 Δf 为 100 kHz,为便于观察,UW 幅度设置为 3。图 5.32(a)~(d)分别为理想同步情况下、载波同步前、载波粗同步后及载波细同步后的信号星座图。从图 5.32(c)可以看出,经过频偏粗校正后,系统的整数倍频偏影响已消除。再经过频偏细校正后,图 5.32(d)中的信号星座图与图 5.32(a)中的理想同步信号星座图已非常接近,说明小数倍频偏对系统的影响也已经基本消除。因此,所采用的频偏捕获算法能够很好地满足系统载波同步要求。

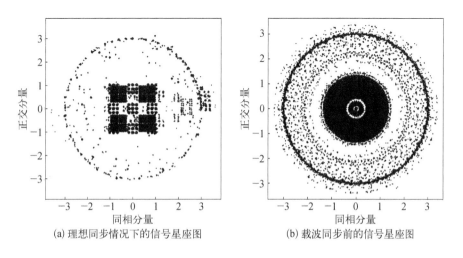

(a) 理想同步情况下的信号星座图　　　　(b) 载波同步前的信号星座图

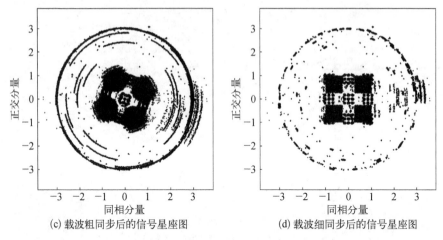

(c) 载波粗同步后的信号星座图   (d) 载波细同步后的信号星座图

图 5.32 载波同步前后的信号星座图

5.3.2 频偏跟踪算法

由上述分析可知,经过基于前导的载波同步后,还会有一小部分残余载波频偏存在。虽然残余载波频偏并不大,但由于残余载波频率误差造成的相位偏移会随着时间推移而积累,接收码元会旋转一个角度,影响接收数据的正确解调,必须对残余载波频偏进行跟踪和补偿。

1. 两种频偏跟踪算法原理

在帧结构中,由于每个传输数据块结构中均包含一个 UW 作为 GI,可以利用每个数据块中的一个 UW 或几个 UW 进行频偏跟踪。这里给出两种频偏跟踪算法,为表述方便,分别将这两种频偏跟踪方法命名为 C1 频偏跟踪算法和 C2 频偏跟踪算法,下面将对这两种跟踪方法的基本原理和性能作具体分析。

1) C1 频偏跟踪算法

C1 频偏跟踪算法结构示意图如图 5.33 所示,由于 UW 与 CP 不同,能够参与频域均衡运算,且在每个数据块中的相对位置固定,可以在均衡后的数据块中提取出来,然后与本地 UW 作相关求和运算。定义均衡后并且经过 IFFT 后的数据块序列为 $\hat{y}$,本地 UW 序列为 $u^*(n)$,则残余频偏估计表达式如下:

$$\varepsilon_{C1} = \frac{1}{2\pi} \angle \sum_{n=N_d}^{N_f} \hat{y}(n)^H u^*(n) \tag{5.54}$$

由上节仿真结果可知,经过频偏捕获和补偿后的残余频偏在 E_b/N_0 大于

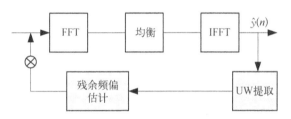

图 5.33　C1 频偏跟踪算法结构示意图

6 dB 的情况下就能够保持在 100 Hz 以内。每个数据块的长度为 102.4 μs，可以认为残余频偏对一个数据块中每个符号的影响是相同的，即对每块的影响为一个固定的相位差 $\Delta\varphi$，可以表示为

$$\Delta\varphi_{C1} = \angle \sum_{n=N_d}^{N_f} \hat{y}(n) u^*(n) \tag{5.55}$$

由于信号相位随时间是不断累加的，估计出的相位差进行逐块累积后，对下一块均衡前的数据进行补偿，就能起到频偏跟踪补偿的效果。

2）C2 频偏跟踪算法

C2 频偏跟踪算法的原理如下：由于存在残余载波频偏，在残余载波频偏较小的情况下，连续传输的相邻两数据块的固定位置数据在相位上产生一个固定的偏差。该跟踪算法正是通过提取相邻数据块中的 UW 进行残余频偏估计的，算法结构示意图如图 5.34 所示。定义连续接收到的两个数据块分别为 $\hat{y}_1$、$\hat{y}_2$，则相邻两块中的 UW 可以表示为

$$\hat{y}_1 = \left[\hat{y}_1(N_d), \hat{y}_1(N_d+1), \cdots, \hat{y}_1(N_f-1) \right] \tag{5.56}$$

$$\hat{y}_2 = \left[\hat{y}_2(N_d), \hat{y}_2(N_d+1), \cdots, \hat{y}_2(N_f-1) \right] \tag{5.57}$$

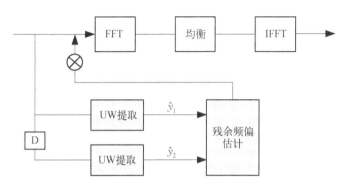

图 5.34　C2 频偏跟踪算法结构示意图

利用最大似然(maximum likehood,ML)频偏估计方法可以求得残余频偏值为

$$\varepsilon_{C2} = \frac{1}{2\pi} \angle \sum_{n=N_d}^{N_f} [\hat{y}_1(n)]^H \hat{y}_2(n) \tag{5.58}$$

当频偏较小时,可以认为相邻两块数据产生的相位差是一个固定值:

$$\Delta\varphi_{C2} = \angle \sum_{n=N_d}^{N_f} [\hat{y}_1(n)]^H \hat{y}_2(n) \tag{5.59}$$

2. 两种频偏跟踪算法比较

从结构来看,C2 频偏跟踪算法较 C1 频偏跟踪算法简单,因为 C1 频偏跟踪算法的跟踪环路需要跨越均衡模块,工程实现存在一定困难。但 C1 频偏跟踪算法采用的数据是经过均衡以后的,这样在进行残余频偏检测和补偿时会更加精确。下面将通过 MATLAB 仿真,具体研究以上两种频偏跟踪算法在系统中的跟踪性能。图 5.35 和图 5.36 分别为 SUI－3 信道下,在不同的残余载波频偏下,分别采用 C1 和 C2 频偏跟踪算法得到的系统误码率曲线。

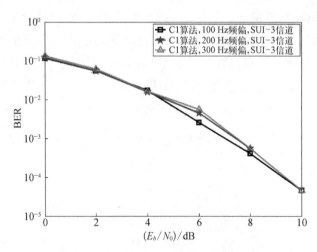

图 5.35　C1 频偏跟踪算法的误码率曲线

比较图 5.35 和图 5.36 可以看出,在频偏较小的情况下(如 100 Hz 时),两种频偏跟踪算法的误码率相当。但随着频偏的增大,C2 频偏跟踪算法的误码率较 C1 频偏跟踪算法明显下降,这是由于 C2 频偏跟踪算法计算出的相位是后一数据块相对于前一数据块的变化量。如果残余载波频偏较大时,就会导致跟踪时间过长,环路难以锁定,所以 C2 频偏跟踪算法对频偏估

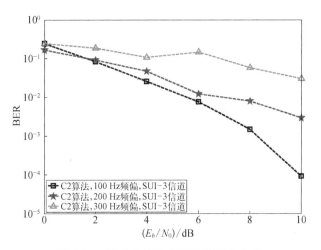

图 5.36　C2 频偏跟踪算法的误码率曲线

计精度的要求更高。

如果首先采用 C1 算法,利用每帧前导结束后的第一个数据块计算出初始相位差,后面 97 个数据块采用 C2 算法进行跟踪,则会有效避免以上情况,仿真效果如图 5.37 所示。图 5.37(a)、(b)、(c)中的细虚线分别表示残余频偏为 100 Hz、200 Hz 和 300 Hz 时,对 C2 算法初校正后得到的误码率曲线。通过比较可以看出,对 C2 算法进行初校正后,其频偏跟踪性能有很大的提高,即使在残余频偏较大的情况下,在同等误码率条件下,与 C1 算法比较,E_b/N_0 也只差 1~2 dB。

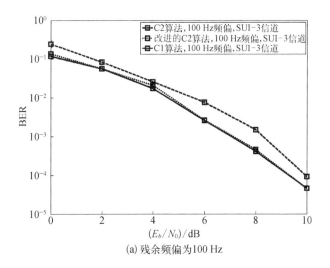

(a) 残余频偏为100 Hz

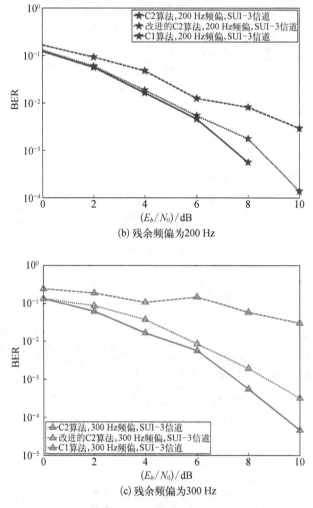

(b) 残余频偏为200 Hz

(c) 残余频偏为300 Hz

图 5.37　C2 频偏跟踪算法及其改进算法的误码率比较

由以上分析可知,虽然 C1 频偏跟踪算法在实现时需占用额外的存储空间,实现时存在一定难度,但鉴于该算法在大残余频偏情况下具有良好性能,用适当的复杂度换取系统的可靠性是值得的,因此本书建议在系统设计时采用此算法来进行载波跟踪。

3. 频偏跟踪性能分析

图 5.38 为 C1 频偏跟踪算法在系统中的误码率曲线,仿真条件如下:数据传输速率为 2.5 Mbps,QPSK 调制,采用 SUI-1、SUI-3 和 SUI-5 三径信道模型,残余载波频偏为 200 Hz,仿真长度为 1 帧。

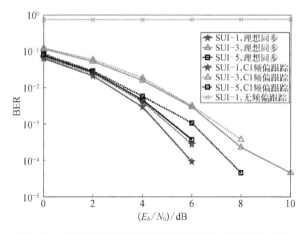

图 5.38　C1 频偏跟踪算法在三种信道下的误码率曲线

由图 5.38 可以看出,当残余载波频偏为 200 Hz 且无频偏跟踪时,系统误码性能非常差,如图中的"×"标记实线所示,说明无频偏跟踪,存在较大残余频偏时,系统将不能够正确解调出信息数据。图 5.38 中五角星、三角形、方框实线分别为理想频率同步情况下,即残余频偏为 0 Hz 时的系统误码率曲线,而与其相对应的虚线分别为经过 C1 频偏跟踪算法后得到的系统误码率曲线。从图中可以看出,在残余频偏较大的情况下,三种信道中的误码率相同时,C1 频偏跟踪算法的补偿结果较理想同步结果相差不到 1 dB,说明此算法的频率跟踪效果良好,能够满足系统要求。

5.3.3　频率同步方法抗多普勒频偏性能分析

1. 多普勒频偏对系统的影响

由于飞行器及传输环境中物体的移动,会产生多普勒频偏。在此基础上,不同路径信号的多普勒频偏会造成信号多普勒扩展。在多普勒扩展情况下,即使频率同步精度和跟踪速度很高,也不可能完全消除多普勒扩展给系统带来的影响。

2. 抗多普勒频偏性能分析

在直视路径较强、多径干扰较小的情况下,由于飞行器运动产生的多普勒频偏等同于载波频偏,其大小一般在百赫兹量级,通过前面所述的频偏捕获和跟踪算法,足以消除其对系统的干扰。这里重点分析低仰角情况下,即多径较强的情况下最大多普勒频偏对系统的影响。

图 5.39 显示的是在无定时和载波频偏时,信道最大多普勒频偏对系统误

码率影响的仿真结果。仿真采用 SUI-3 三径信道模型,仿真数据长度为 1 帧。从仿真结果可以看出:随着信道最大多普勒频偏的增加,系统的误码率性能逐渐变差。而且随着信道最大多普勒频偏的增大,地板效应变得更加明显。

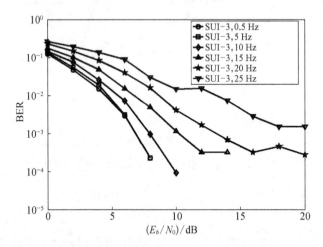

图 5.39　信道最大多普勒频偏对系统误码率影响的仿真结果

因此,在低仰角情况下,为减小多普勒频偏带来的多普勒扩展影响,可能需要采用多普勒分集接收、分块频域均衡或自消除等技术手段,但最重要的是采取高动态条件下的载波同步措施,以提高系统在多普勒频偏较大时的误码率性能,接下来详细介绍。

5.4　高动态同步

飞行器通信传输载体往往有高速、变速运动,会带来载波频率的变化。二阶锁相环(phase lock loop,PLL)对频率偏差无条件稳定跟踪,但对加速度和应力敏感,跟踪频率一次斜升信号存在稳态相位差。三阶 PLL 理论上能准确跟踪频率斜升信号,但属于有条件稳定,也就是说,三阶 PLL 存在明显的暂态效应,入锁较为困难,尤其是在起始频偏较大的情况下,在同样带宽下,二阶 PLL 进入稳态的时间要比三阶 PLL 短,所以可通过二阶 PLL 将载波相位快速牵引到较小的范围内,然后由三阶 PLL 接管,以较小的环路带宽滤除噪声,进行精确跟踪。

因此,本节设计阶数与带宽可变的锁相环路,综合运用二阶 PLL 和三阶

PLL,配合阶数切换及带宽渐变策略,对飞行器通信链路接收端的中频信号进行载波跟踪。充分发挥二阶 PLL 捕获速度快、三阶 PLL 跟踪精度高的优势,能够快速而准确地跟踪载波相位的变化。

5.4.1　总体结构和流程

　　阶数与带宽可变的 PLL 总体结构及各功能模块之间的交互关系如图 5.40 所示,主要分为如下 6 个功能模块:下变频模块、载波 NCO 模块、鉴相器、二阶 PLL 滤波器、三阶 PLL 滤波器、带宽控制模块。

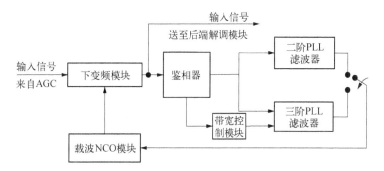

图 5.40　阶数与带宽可变的 PLL 总体结构

阶数与带宽可变的 PLL 工作流程如图 5.41 所示。

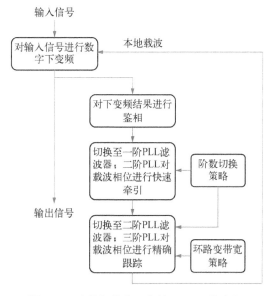

图 5.41　阶数与带宽可变的 PLL 工作流程

5.4.2 各分模块设计

1. 数字下变频模块

数字下变频模块的主要作用是对中频信号进行下变频处理,将信号频率从中频变至零中频,从而得到两路基带信号。NCO 产生与输入中频信号频率相同的两路正交载波,与输入信号进行复数乘法运算,即可完成对中频信号的下变频操作,其输出结果为 I_{out}、Q_{out},其表达式为

$$I_{out} = I_{in}\cos(\omega t) - Q_{in}\sin(\omega t)$$

$$Q_{out} = I_{in}\sin(\omega t) + Q_{in}\cos(\omega t)$$

式中,$\omega = 2\pi f_c$,f_c 为数控振荡器的输出频率。

数字下变频器的核心是两路复数乘法器模块,其处理方法如图 5.42 所示。

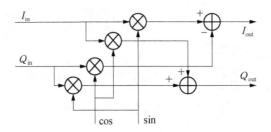

图 5.42 复数乘法器模块处理方法

2. 载波 NCO 模块

NCO 主要由频率控制字寄存器、相位累加器和查找表组成,其产生的频率 f_{out} 与频率控制字 A 的关系为

$$f_{out} = A f_{clk}/2^N$$

式中,f_{clk} 为 NCO 系统时钟,NCO 的工作流程如图 5.43。

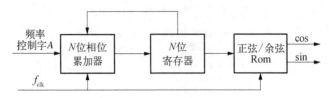

图 5.43 NCO 的工作流程

3. 二阶 PLL 滤波器

二阶 PLL 采用理想比例积分滤波器来实现。自然谐振频率 ω_n 可以通过阻尼系数和等效噪声带宽 B_n 来计算,通常取阻尼系数为 $\xi = 0.707$, $B_n = 0.53\omega_n$,因此只需取合适的带宽值即可计算出环路的系数。引入二阶 PLL 的目的是将相位误差快速牵引到较小的范围内,因此需要较大带宽,经过多次仿真实验,取噪声带宽 $B_n = 75\ \text{Hz}$。

二阶 PLL 滤波器的差分方程:

$$y(n) - y(n-1) = (C_1 + C_2)x(n) - C_1 x(n-1) = K_1 x(n) + K_2 x(n-1)$$

式中, $K_1 = C_1 + C_2$; $K_2 = - C_1$。

环路更新周期为一个数据周期 T,载波 NCO 的采样频率 f_s 为 25 MHz(采样周期 T_s 为 40 ns),NCO 的增益为 $K_0 = T/(2^N T_s)$。采用符号点积鉴相器,并对鉴相误差进行 16 位有符号数量化,因此鉴相器增益 $K_d = 2^{15}$,可计算出: $K_1 = (1.414\omega_n T + \omega_n^2 T^2)/K \approx 0.846\ 3$, $K_2 = - 1.414\omega_n T/K \approx - 0.839\ 3$。

由于 FPGA 中的小数运算较为复杂,将各系数量化为 16 位的整数(含符号位),而最终运算的结果右移 16 位(相当于取高 16 位),避免环路滤波器对输入产生额外的量化增益,避免环路总增益发生变化。各系数(用十进制表示)为

$$K_1 = \text{FIX}\big[(1.414\omega_n T + \omega_n^2 T^2)/K \times (2^{15} - 1)\big] = 27\ 729$$

$$K_2 = \text{FIX}\big[- 1.414\omega_n T/K \times (2^{15})\big] = - 27\ 500$$

由此得到二阶 PLL 滤波器处理流程,如图 5.44 所示。

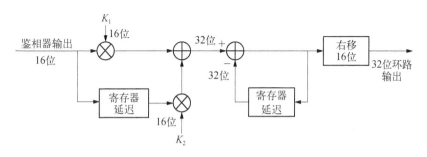

图 5.44　二阶 PLL 滤波器处理流程

4. 三阶 PLL 滤波器

三阶 PLL 采用三阶 3 型滤波器,参数设计过程与二阶 PLL 类似,差分方

程为

$$y(n) - 2y(n-1) + y(n-1) = (C_1 + C_2 + C_3)x(n) - (2C_1 + C_2)x(n-1)$$
$$+ C_1x(n-2)$$
$$\triangleq K_1x(n) + K_2x(n-1) + K_3x(n-1)$$

式中，$K_1 = C_1 + C_2 + C_3$；$K_2 = -(2C_1 + C_2)$；$K_3 = C_1$。

　　由于计算出的环路参数为小数，同样对其进行 16 位有符号数量化，最后将运算结果右移 16 位。三阶 PLL 滤波器处理流程如图 5.45 所示。

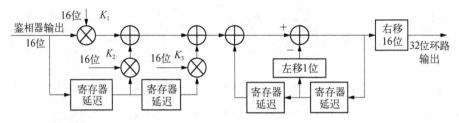

图 5.45　三阶 PLL 滤波器处理流程

5. 阶数切换策略

　　二阶 PLL 的引入是为了提高三阶 PLL 的锁定速度，为了在切换过程中保证较小的相位抖动，二阶 PLL 参数与三阶 PLL 参数应尽量接近，经过计算和仿真，这里选取三阶 PLL 的初始带宽为 65 Hz。

　　二阶 PLL 向三阶 PLL 切换的条件相位误差较小，环路锁定。在信号多普勒频偏变化率较小的情况下，环路锁定时环路滤波器输出，即载波 NCO 频率控制字应该在一个较小的范围内变化或者不变化，可以根据环路滤波器输出的变化范围来判断当前环路是否锁定，锁定判断流程如图 5.46 所示。

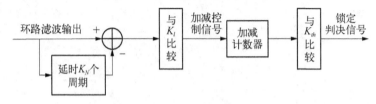

图 5.46　锁定判断流程

　　如图 5.46 所示，首先设定一个门限值 K_l，并计算相邻两次频率控制字之差，将这个差值的绝对值与 K_l 比较，如果小于这个阈值就驱动一个计数器加

1,如果大于这个阈值就驱动计数器减 1(如果计数器已经为 0 则不减,保持为 0),当计数器计数值达到另一个门限 K_{th} 时,认为环路锁定。

为了防止噪声引起的频率控制字突变而造成的错判,假定最大值计数值为 K_m,如果计数值处于 K_{th} 和 K_m 之间,则认为环路锁定,环路锁定后直接切换到三阶 PLL 进行跟踪。

6. 带宽渐变策略

变带宽与环路切换类似,同样要判定环路锁定状态,当跟踪单元进入三阶 PLL 跟踪模式时,环路还需要一段过渡时间才能锁定,变带宽策略应在环路锁定后即刻施行。渐变带宽的原则是在大带宽下大间隔减小带宽,小带宽下小间隔减小带宽。由于环路参数需要通过带宽进行计算,这会增加实现复杂度,而且时序不好控制。因此,这里将计算好的带宽值存入 Rom 中,通过不同的地址来选取不同的带宽值。

5.4.3　结果验证

1. 编译结果

将图 5.40 所示的系统进行编译,编译综合后得到阶数与带宽可变的载波跟踪环路寄存器传输级(register transfer level,RTL)电路图。

2. 数字下变频运行结果

将 32 位相位累加值的高 10 位作为查找表的输入,幅度量化为 16 位,FPGA 的主时钟为 50 MHz,运行结果如图 5.47 所示。其中,i_in、q_in 为输入信号,频率为 1 MHz;fw_cry 为 NCO 频率控制字;cos_1、sin_1 分别为 NCO 输出的正弦、余弦波形;data_i、data_q 分别为两路下变频后的正交信号。

3. 环路跟踪结果

设定载波频率为 2 GHz,起始频偏为 100 Hz,频偏一次变化率为 1.5 kHz/s,载噪比为 50 dB/Hz 时,用 Quatus 软件中的 SignaTap II 工具抓取环路跟踪结果,见图 5.48。其中,I_in 为输入 I 路信号,data_is、data_qs 分别为下变频输出 I、Q 路信号,pll_en、pll_en23、pll_k_en 分别为整个 PLL 的使能信号、二阶 PLL 向三阶 PLL 切换的使能信号、变带宽的使能信号。在初始跟踪阶段,在二阶 PLL 向三阶 PLL 切换阶段,相位抖动很小,且由于环路等效噪声带宽较大,环路能够快速锁定。在稳态时,相位存在一定的抖动,但抖动范围较小,不影响数据解调。

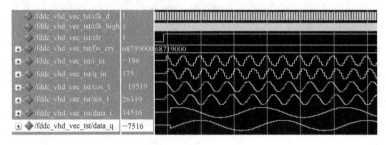

图 5.47　数字下变频模块运行结果

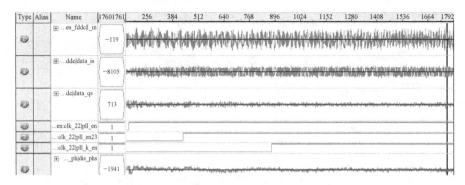

图 5.48　SignaTap Ⅱ 工具抓取环路跟踪结果

5.5　同步算法硬件实现与验证

5.5.1　总体同步方案

图 5.49 为系统总体同步方案,FPGA 中所采用的同步算法如图中阴影部分所示。中频信号经过数字下变频处理变为 SC‑FDE 基带信号,基带信号首先经过信号检测模块,如果检测到有信号到达,信号到达检测模块则会通知频偏粗估计模块进行载波频偏粗估计,并进行频率补偿。补偿后的数据进入数据块同步模块后进行细时间同步,同步结果用来控制 FFT 的起始位置。块同步后再利用前导块 1 中的两个长训练符号进行载波频偏细估计,并进行补偿。然后对频偏细同步后的数据进行插值滤波,位同步数据进入频域均衡模块,用均衡后的数据进行载波跟踪。

由前面章节介绍已知,各同步任务与帧结构中的各部分是紧密相关的。直观起见,这里给出了各同步模块与帧结构中不同部分的对应关系,如图 5.50

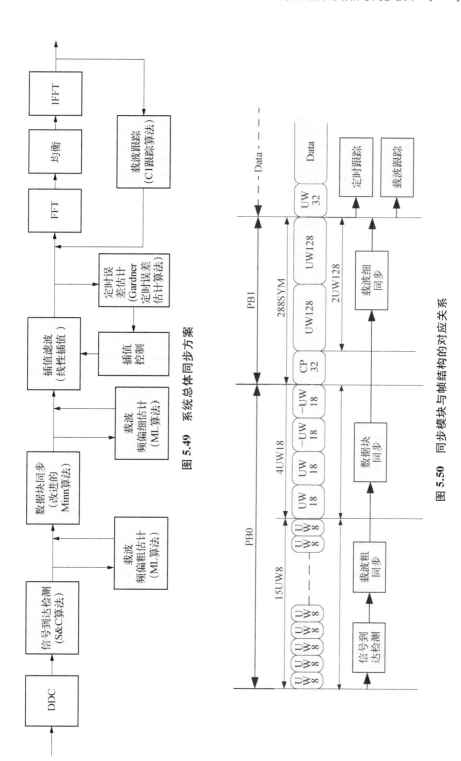

图 5.49　系统总体同步方案

图 5.50　同步模块与帧结构的对应关系

所示。各同步算法模块的硬件设计方法,将在下面几节中进行详细介绍。

5.5.2 信号检测模块

1. 实现方法

由于接收到的信号为复数形式,S&C 算法中的自相关部分可以重写为

$$R(d) = \sum_{k=d}^{d+mL-1} I^2(k+mL) + Q^2(k+mL) \tag{5.60}$$

互相关部分可以改写为

$$|P(d)|^2 = \sum_{k=d}^{d+mL-1} \left[I(k)I(k+mL) + Q(k)Q(k+mL) \right]$$

$$+ \sum_{k=d}^{d+mL-1} \left[I(k)Q(k+mL) + Q(k)I(k+mL) \right] \tag{5.61}$$

由式(5.61)可以看出,一个复相关需要 4 个实相关器来实现,每个实相关器分别由延时器、乘法器、加法器及相应的计数器和存储器组成。信号到达检测实现结构框图如图 5.51 所示。

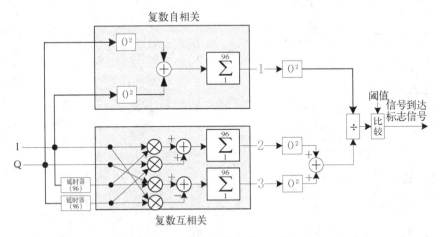

图 5.51 信号到达检测实现结构框图

模块中的平方及加减运算均使用 Quartus 现有模块,注意到复自相关与复互相关中均使用到累加器,而且进行归一化时要使用除法器,会占用大量资源,下面重点对以上两部分的处理方法进行简单介绍。

1）累加器处理

一般采用移位寄存和并行加法来实现累加器,如图 5.52 所示。虽然这种结构实现方法简单、运算速度快,但占用资源较多。例如,要实现 96 个数据的累积,除需要长度为 96 位的移位寄存器外,还需要 95 个加法器。注意到采用上述结构进行累加,实际上每来一位数据,累加值中已有 95 个数据进行了重复运算。因此,这里采用迭代结构的累加器,迭代计算式如下:

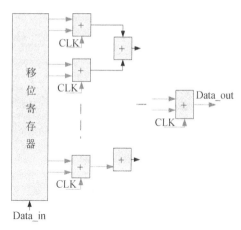

图 5.52　一般累加器实现结构

$$\text{Sum}(n + 1) = \text{Sum}(n) + I\_\text{in}(n + 1) - I\_\text{out}(n + 1) \qquad (5.62)$$

式中, $\text{Sum}(n + 1)$、$\text{Sum}(n)$、$I\_\text{in}(n + 1)$、$I\_\text{out}(n + 1)$ 分别表示当前累加值、前一时刻累加值、移位寄存器当前移入值、移位寄存器当前移出值。

图 5.53　迭代累加器实现结构

迭代累加器实现结构如图 5.53 所示,其中 FIFO 表示先进先出存储器从图中可以看出,采用迭代结构累加器,较一般累加器节省了大量硬件资源。

2）除法处理

由于除法器在基本算术运算中是最复杂的,在归一化运算过程中,为避免使用除法运算,实现时可以设定一个阈值 thr,将 thr 与 rd 相乘后与 pd 相减,根据差是否大于零来判断是否检测到信号,这样就避免了除法运算带来的资源损耗。

2. 实现验证

利用 MATLAB 按照帧格式产生接收信号,码速率为 2.5 Mbps,采样率为 4 倍符号速率,相关间隔为 3 个 UW8 序列长度,采用 SUI - 3 信道,信噪比为 10 dB。对 MATLAB 产生的信号进行量化处理,量化位数与 FPGA 模型一致。将量化后的信息数据保存为 .mif 文件,作为 Quartus 的初始化数据文件。通过定制 LPM_Rom 元件,加载 .mif 文件于 Rom 中,作为 FPGA 模块的激励信号源。图 5.54 给出了 FPGA 信号到达检测模块的时序波形,图中 clk_sys 是全局时钟,clk_data 是数据时钟,I_in_tst、Q_in_tst 为 MATLAB 仿真程序产生的 16 位量化数据,p_square 与 r_square 分别为模块计算产生的互相关值和

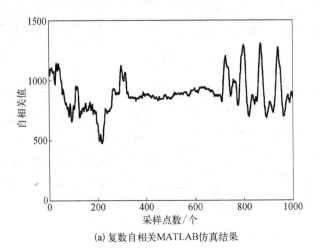

图 5.54　FPGA 信号到达检测时序仿真波形

自相关值,其他为模块测试输出。

图 5.55(a)和图 5.56(a)分别为复数自相关和互相关 MATLAB 仿真结果,图 5.55(b)和图 5.56(b)则为 p_square 与 r_square 从 Quartus 导出后的结果。

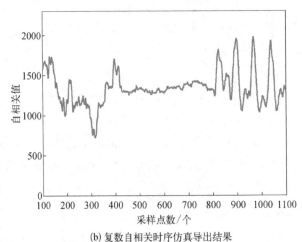

图 5.55　信号到达检测模块的复数自相关测试结果

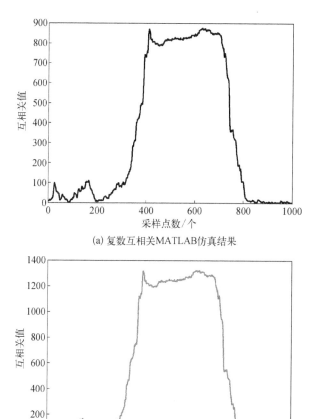

(a) 复数互相关MATLAB仿真结果

(b) 复数互相关时序仿真导出结果

图 5.56　信号到达检测模块复数互相关测试结果

通过比较可以看出,Quartus 导出结果只是在整体幅度上与 MATLAB 仿真结果有别,这主要是因为在模块实现过程中,数据经过了量化和截位处理,而整体包络和横纵坐标比例是一致的,说明信号检测模块设计正确,达到了预期设计效果。

5.5.3　数据块同步模块

1. 实现方法

块同步算法采用 5.2.2 节提出的改进算法,图 5.57 为该数据块同步算法的实现结构框图。由图可以看出,复数相关运算所采用的结构与信号到达检测模块相同,只是其中的先进先出(first input first output,FIFO)阶数不同而已,FIFO 阶数是由算法所需的相关长度决定的。对计算出的各相关值按照式 (5.30)进行加减运算和归一化操作,就可以得到定时度量值。将定时度量值与阈值进行比较,度量值大于阈值时,度量值开始选通,并进行存储。下一个测度值到来时,再与前面存储的值进行比较,选较大值进行存储更新,如此反复,直到度量值小于阈值,这样便找到了峰值,对应的当前时钟即为 FFT 窗口起始的时间,将定时捕获得到的 FFT 窗口位置信息作为其他模块的定时调整信息。

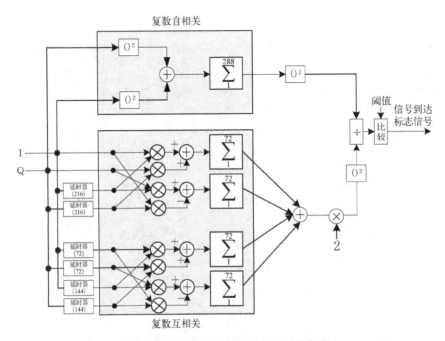

图 5.57　数据块同步算法的实现结构框图

考虑到块同步结构与信号到达检测类似,且从时间上来看,块同步在信号检测后进行,实现时可以采用相关累加器复用,以节约硬件资源。块同步模块的具体实现过程与信号到达检测模块类似,这里就不再累述。

2. 实现验证

验证条件如下:码速率为 2.5 Mbps,采样率为 4 倍符号速率,相关间隔为 3 个 UW8 序列长度,采用 SUI - 3 信道,信噪比为 10 dB,采用 MATLAB 产生的帧格式接收信号。

图 5.58 给出了信号到达检测模块的仿真波形,图中 clk_sys 为全局时钟,clk_data 为数据时钟,I_in_tst、Q_in_tst 为 MATLAB 仿真程序产生的 16 位量化数据,pd、rd 分别为定时模块计算产生的互相关值和自相关值,其余

为模块测试输出。

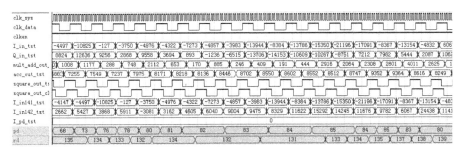

图 5.58　数据块同步时序仿真波形

图 5.59 和图 5.60 分别为数据块同步模块复数自相关与复数互相关

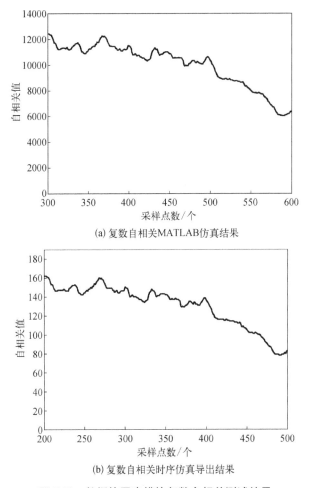

(a) 复数自相关 MATLAB 仿真结果

(b) 复数自相关时序仿真导出结果

图 5.59　数据块同步模块复数自相关测试结果

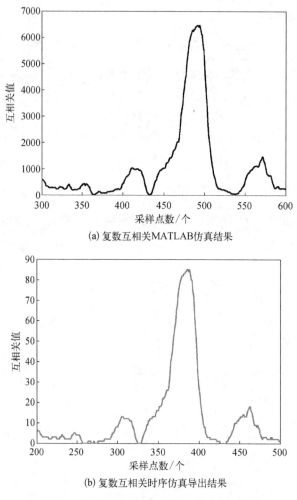

(a) 复数互相关MATLAB仿真结果

(b) 复数互相关时序仿真导出结果

图 5.60　数据块同步模块复数互相关测试结果

MATLAB 仿真结果和时序仿真导出结果,通过对比可以看出,数据块同步模块设计结果与理论结果相吻合,满足设计要求。

5.5.4　定时跟踪模块

1. 实现方法

1)插值滤波模块

插值滤波模块实现结构框图如图 5.61 所示(其中虚线表示时钟控制,实线代表数据流)。待插值 I、Q 两路数据 I_in、Q_in 在本地时钟 clk_w 的驱动下,首先进入移位寄存器进行缓存。当插值控制时钟 clk_nco 有效时,对移

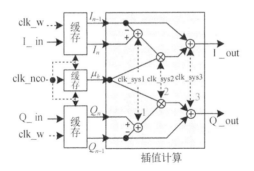

图 5.61　插值滤波模块实现结构框图

位寄存器中当前两个采样值进行锁存,用于内插计算。

内插计算在高倍频率系统时钟 clk_sys 的驱动下,采用流水线方式按顺序进行计算,如图 5.61 中的阴影部分所示,计算顺序如下。

(1) 计算 $I_n - I_{n-1}$、$Q_n - Q_{n-1}$。

(2) 计算 $\mu_k(I_n - I_{n-1})$、$\mu_k(Q_n - Q_{n-1})$。

(3) 计算 $I_{n-1} + \mu_k(I_n - I_{n-1})$、$Q_{n-1} + \mu_k(Q_n - Q_{n-1})$。

(4) 输出插值结果 I_out、Q_out 及相应时钟。

内插计算时序仿真波形如图 5.62 所示,注意其中阴影标注部分数据。以 I 路数据为例,其中 I_in_tst 为输入待插值原始数据;dataI_after_tst 为当前输入数据,即结构图中信号 I_n;dataI_sub_tst 为结构图 5.61 中节点 1 处的计算结果,即步骤(1)计算结果;Uk_tst 为当前由控制器提供的插值分数间隔值;I_mult_tst 为结构图中节点 2 处的计算结果,即步骤(2)计算结果;dataI_now_tst 为前一时刻输入数据,即结构图中的信号 I_{n-1};I_out 为结构图中节点 3 处的计算结果,即内插输出。从图 5.62 中可以看出,上述各节点处的计算值均正确,注意到由于在计算过程中进行了数据位数的截取,乘积结果比实际值要

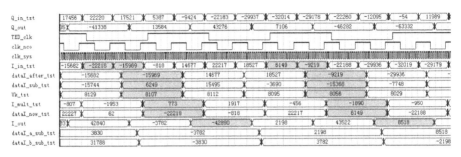

图 5.62　内插计算时序仿真波形

偏小。时序结果表明,内插模块能够按照设计正常运行,达到预期效果。

2）定时误差检测模块

定时误差检测模块实现结构框图如图 5.63 所示。根据插值原理,clk_Fi 为内插模块输出时钟,频率为符号速率的 2 倍,其二分频即为符号频率。将二分频时钟作为使能信号,锁存符号样值。将二分频时钟取反作为使能信号,就可锁存半符号抽样值。

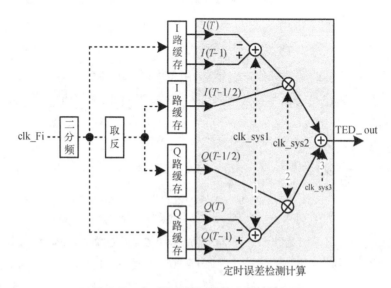

图 5.63　定时误差检测模块实现结构框图

定时误差检测计算在高倍频率时钟 clk_sys 驱动下进行,采用流水线方式顺序进行,如图 5.63 中的阴影部分所示,计算顺序如下。

（1）计算 $I(T) - I(T - 1)$、$Q(T) - Q(T - 1)$。

（2）计算 $I(T - 1/2)[I(T) - I(T - 1)]$、$Q(T - 1/2)[Q(T) - Q(T - 1)]$。

（3）计算以上 I、Q 两路乘积之和。

（4）输出插值结果 TED_out 及相应时钟。

定时误差检测模块时序仿真波形见图 5.64。以 I 路数据为例,图中 I_out 为内插输出结果,也是误差检测数据源;dataI_a_sub_tst 为当前输入数据 $I(T)$;dataI_b_sub_tst 为前一采样间隔数据 $I(T-1)$ 的反值,由于所有计算均为有符号数运算,这里的数据统一用二进制补码形式表示;I_sub_tst 为步骤（1）计算结果;data_b_mult_tst 为半符号抽样值 $I(T-1/2)$;dataI_mult_tst 为步骤（2）

计算结果;TED_out1 为误差检测结果输出。从图中可以看出,上述各节点处的计算值均正确,时序逻辑正确,满足设计要求。

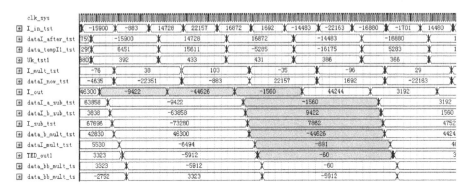

图 5.64　定时误差检测模块时序仿真波形

3) 控制器模块

控制器的主要功能是由数控振荡器产生所需要的内插标志 flag 和插值参数 u_k,实现框图如图 5.65 所示。NCO 为一个下溢计数器,其工作时序图如图 5.66 所示。当溢出产生时,输出内插时钟 Fi_en,同时计算内插分数位置 u_k。由于第 3 章给出的 u_k 计算公式中涉及除法运算,而 $\dfrac{1}{\omega(m_k)}$ 可近似为插值滤波前后的采样率比值 ξ_0,在实际实现时,常采用公式 $u_k \simeq \xi_0 \eta(m_k)$ 进行近似计算,这样就避免了除法运算所带来的资源损耗。

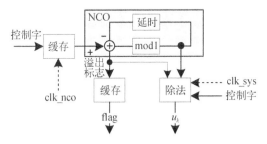

图 5.65　插值控制模块实现结构框图

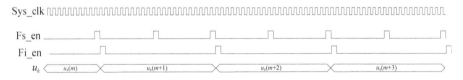

图 5.66　NCO 工作时序图

2. 实现验证

验证条件如下：数据速率为 2.5 Mbps，QPSK 调制，AWGN 信道，信噪比为 20 dB，设置定时频偏为 100 ppm。图 5.67 给出了信号到达检测模块的仿真波形，图中 clk_syn 为插值同步时钟、I_in_tst 为数据源正交分量、I_out 为插值滤波后的数据正交分量。从时序仿真波形可以看出，clk_syn 在定时误差检测结果的作用下适时进行脉冲的抽取和插入，保证了输出数据同理想信号的同步。

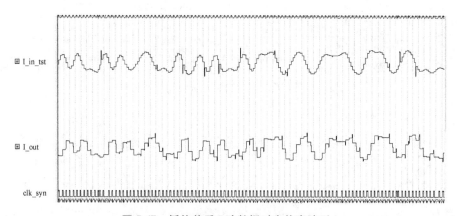

图 5.67　插值前后 I 路数据时序仿真波形

图 5.68 为位同步算法验证星座图，其中图 5.68(a)表示存在定时误差时的数据星座图，可以看到由于定时偏差的存在，信号已经无法得到正确判决。图 5.68(b)给出的是 Quartus 位同步星座图，图 5.68(c)为数据源经过 MATLAB

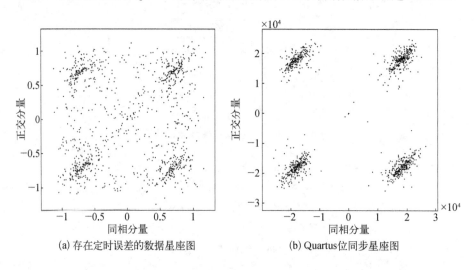

(a) 存在定时误差的数据星座图　　　　(b) Quartus位同步星座图

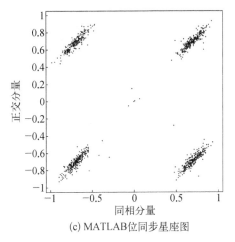

(c) MATLAB 位同步星座图

图 5.68 位同步模块验证星座图

插值滤波后得到的信号星座图。通过比较可以看出,尽管图 5.68(b)中的星座图比图 5.68(c)中的星座图更加发散,但相比存在定时误差的原始数据来说,已经得到很大的定时校正,说明定时跟踪模块能够基本实现位同步功能。

5.5.5 频偏估计模块

1. 实现方法

频率同步采用基于训练序列的延迟相关算法进行载波频偏估计,然后利用 NCO 得出用于频率补偿的复数数据,并反馈到前端与输入数据进行复乘,实现频率补偿。本节以载波频偏细估计为例来说明频偏估计的具体实现方法,载波频偏估计算法实现结构框图如图 5.69 所示。

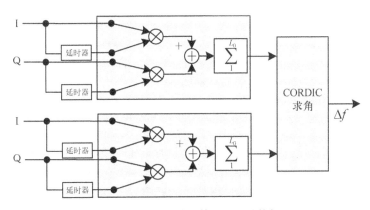

图 5.69 载波频偏估计算法实现结构框图

由图 5.69 可以看出,该算法主要由复数相关累加计算和复数相角计算两部分组成,相关累加部分实现原理前面已有详细介绍,这里主要介绍复数相角的计算实现方法。传统的求复数相角的方法是查表法,随着系统精度的提高,Rom 的存储量迅速增大,消耗资源较多,为此采用 CORDIC 算法来实现求角运算。

CORDIC 算法采用一系列与运算基数相关的预设角度值来不断调整旋转角度,最终逼近真实旋转角度。设初始向量为 (x_i, y_i),旋转角度 θ 后新的向量为 (x_j, y_j),则有

$$x_j = x_i \cos\theta - y_i \sin\theta = \cos\theta(x_i - y_i \tan\theta) \tag{5.63}$$

$$y_j = y_i \cos\theta + x_i \sin\theta = \cos\theta(y_i + x_i \tan\theta) \tag{5.64}$$

将角度 θ 分步旋转完成,每步旋转 θ_i,结合式(5.63)和式(5.64),使用迭代方法可得单步旋转公式为

$$x_{i+1} = x_i \cos\theta_i - y_i \sin\theta_i = \cos\theta_i(x_i - y_i \tan\theta_i) \tag{5.65}$$

$$y_{i+1} = y_i \cos\theta_i + x_i \sin\theta_i = \cos\theta_i(y_i + x_i \tan\theta_i) \tag{5.66}$$

令 $\theta_i = \arctan\left(\dfrac{1}{2^i}\right)$,那么 $\theta = \sum\limits_{n=0}^{\infty} l_i \theta_i$,$l_i = \{-1, +1\}$,则所有迭代角之和将无限逼近旋转角度 θ。现假设所求角度对应的向量为 (x_j, y_j),按 θ_i 进行迭代计算,直至 $y_{i+1} = 0$,那么 $z = \sum\limits_{n=0}^{\infty} l_i \theta_i$ 即为所求角度,其中 l_i 为 y_i 的符号函数。当 $y_i < 0$ 时 $l_i = +1$,当 $y_i \geq 0$ 时 $l_i = -1$,这里 +1 表示逆时针旋转,−1 表示顺时针旋转。其中,初始值分别为

$$x_0 = I_{\text{in}}, \quad y_0 = Q_{\text{in}}, \quad z_0 = 0 \tag{5.67}$$

CORDIC 算法的旋转角度范围为 $\left[-\dfrac{\pi}{2}, \dfrac{\pi}{2}\right]$,即一、四象限。如果初始向量在二、三象限,则初始值分别变为:$x_0 = -I_{\text{in}}$,$y_0 = -Q_{\text{in}}$,$z_0 = \pi$;$x_0 = -I_{\text{in}}$,$y_0 = -Q_{\text{in}}$,$z_0 = -\pi$。

基于以上原理,在实现 CORDIC 算法时常采用流水线方式,实现结构如图 5.70 所示。由计算原理可知,流水线级数越多,运算精度越高。但级数增加以后,模块所需的输入信号量化位数和运算量均会增加。因此,需要合理设定流水线级数,使得在保持运算精度的情况下,节约硬件资源,提高运算

速度。经过仿真计算,本节在设计时采用了 12 级流水线,为提高精度,对输入信号的实部和虚部用 23 位补码表示。

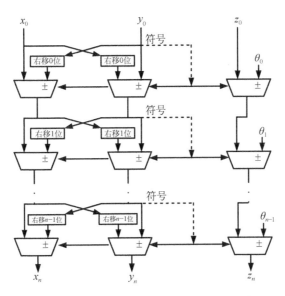

图 5.70　流水线方式 CORDIC 算法实现结构

由于频率同步最终是要依靠求出的误差相角得到频率偏差 Δf,然后根据 Δf 的大小来调整载波 NCO 频率控制字,以达到频率同步的目的。根据载波频偏估计表达式(5.52),系统参数固定以后,频偏误差与相位差只存在一个固定系数的差别,在求解过程中,直接将此固定系数与 z_i 和 θ_i 的乘积作为递推参数,事先进行 16 位量化存储,为每一级流水线提供查找表,这样就避免了求出相角后,再根据式(5.52)进行乘除运算计算频偏这一环节,使得算法实现变得更为简单,运算速度进一步得到提高。因此,根据输入的 I、Q 两路数据,采用本节设计的 CORDIC 模块能够直接计算出相应的频偏值。

2. 实现验证

验证条件如下:数据速率为 2.5 Mbps,QPSK 调制,SUI - 3 信道,信噪比为 10 dB,采样率为 4 倍符号速率,设置频偏为 200 Hz。

图 5.71 为频偏细估计时序仿真波形。从时序仿真波形可以清晰地看出频偏计算时采用的流水线设计思想,图中 I_in_tst、Q_in_tst 分别为输入信号的实部和虚部,由于频偏细估计采用的是 UW128 序列,即相关长度为 128 个

码元长度。由于本地采样率为 4 倍码元速率,延时相关计算使用的实际采样点数为 1 024。图 5.71 中,cnt1024 即为延时相关计数标志,可以看出当 cnt1024 计数为 1 024 时,将延时相关并累加后的 I、Q 两路结果分别锁存于 acc_outI_tst 和 acc_outQ_tst 中。结果锁存的同时,会将角度计算使能信号 angle_en_tst 置为"1",此时 CORDIC 角度计算模块判断到使能信号有效,在相应时钟的驱动下,经过 12 级迭代运算,最后将计算结果锁存于 z_out_temp 中,直到下次计算后重置结果。其中,cnt20_tst 为 CORDIC 运算计数标志,dataout_x_tst、dataout_y_tst 分别对应图 5.71 中的初始值 x 向量和 y 向量。从图 5.71 可以看出,该模块的频偏计算结果为 206 Hz,与所设频偏 200 Hz 相差 6 Hz。

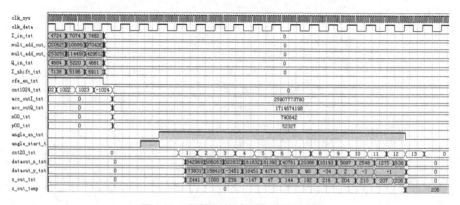

图 5.71 频偏细估计时序仿真波形

经测试表明,经过 12 次迭代运算后,求出的频偏与理论值的差别已经很小。表 5.2 为 MATLAB 计算值与电路时序仿真结果对比,由于篇幅原因,这里只列举随机抽取的 10 次试验结果。由表 5.2 可以看出,频偏估计模块计算出的仿真结果与 MATLAB 计算所得的结果误差很小,能够满足系统功能要求。

表 5.2 频偏估计模块精度分析

实际频偏/Hz	MATLAB 频偏计算结果/Hz	电路时序仿真结果/Hz	相对误差/Hz
	205	206	1
	187	188	1
200	234	229	5
	190	194	4
	223	230	7

（续表）

实际频偏/Hz	MATLAB 频偏计算结果/Hz	电路时序仿真结果/Hz	相对误差/Hz
−200	−248	−248	0
	−255	−258	3
	−205	−208	3
	−217	−219	2
	−188	−196	8

第 6 章　飞行器通信链路自适应均衡技术

　　本章重点讨论时域自适应均衡技术。常用的时域自适应均衡算法包括最小均方(least mean square,LMS)算法和递归最小二乘(recursive least-squares,RLS)算法。LMS 算法简单,但收敛速度慢。RLS 算法的计算量大但收敛速度快,重要的一点是：RLS 算法收敛速度不受信道特性的影响,由均衡器阶数决定,非常有利于均衡器方案设计中训练码个数的选择。因此,采用 RLS 算法,能够在有限个符号周期内达到基本收敛,并适当借鉴盲均衡处理,提高跟踪信道变化能力,能够适应飞行器通信信道的时变性,适用于多种调制方式。

　　然而,从适于硬件实现的角度来看,RLS 算法复杂度太高,运算量太大,不利于硬件实现,下面从理论分析角度对 RLS 算法进行改进。

6.1　快速横向滤波算法

　　RLS 算法是 LS 准则下的横向结构算法,每码元间的计算量正比于 N^2。造成其运算量大的核心在于 RLS 算法中所用的基本迭代是 R_{NN}^{-1} 迭代,是二维方阵的迭代,从数学角度可推知,代表二阶相关的二维迭代可以用两个有效的一维迭代来代替。

　　1983～1984 年,由 Carayannis、Cioffi 等提出来的快速横向滤波(fast transversal filter,FTF)算法将向量空间法应用于 RLS 算法中增益向量 $g_N(n)$ 的迭代,可以有效减少计算量。

6.1.1　基本 FTF 算法

1. 算法分析

FTF 算法是自适应滤波领域的重要研究课题之一,关键是恰当利用数据矩阵的时移不变性。考虑数据向量 $X_N(n) = [x(n), x(n-1), \cdots, x(n-N+1)]^{\mathrm{T}}$ 增阶后的数据向量 $X_{N+1}(n) = [x(n), x(n-1), \cdots, x(n-N)]^{\mathrm{T}}$，显然，可以用两种不同的分块形式来表示，即

$$X_{N+1}(n) = \begin{bmatrix} X_N(n) \\ x(n-N) \end{bmatrix} = \begin{bmatrix} x(n) \\ X_{N-1}(n-1) \end{bmatrix} \tag{6.1}$$

利用这两种分块形式，即可得到增阶后输入信号向量的自相关矩阵 $R_{N+1}(n)$ 的恰当分块。根据这些分块，n 时刻的卡尔曼增益向量 $g_N(n)$ 便可以借助增阶后的向量 $g_{N+1}(n)$ 由 $g_{N-1}(n-1)$ 获得。总的更新机制可表示如下：

$$\begin{array}{ccccc}
f_N(n-1) & & b_N(n-1) & & \\
\downarrow & & \downarrow & & \\
g_{N-1}(n-1) & \to & g_{N+1}(n) & \to & g_N(n) \\
\uparrow & & \uparrow & & \\
f_N(n) & & b_N(n) & &
\end{array} \tag{6.2}$$

式中，辅助向量 $f_N(n)$ 和 $b_N(n)$ 分别表示前向和后向 LS 预测权。

FTF 算法中包含了一系列遵循 LS 准则的迭代，推导思路如下。

（1）需建立由系统权 W_N 通过 $x(n), \cdots, x(n-N+1)$ 预测 $d(n)$ 的关系式，这是唯一明显体现横向结构的式子。

（2）若直接建立（1）中所述迭代式子，权的迭代增量部分会呈现矩阵形式，计算量大。因此，通过寻找一些中间量，由迭代运算（只需向量或标量运算）得到系统权的迭代增量，这样可以使计算量正比于 N。此外，在上述推导过程中，会引出表征新旧数据空间夹角的 $\gamma_N(n)$ 及其迭代式。引入前后向量预测后，迭代式中随之出现了与其有关的误差量 $e^f(n\mid n)$、$e^f(n\mid n-1)$、$e^b(n\mid n)$、$e^b(n\mid n-1)$ 等，这些可视为推导 W_N 过程中所用的中间量。

（3）通过中间参量与系统权 W_N 的关系式，建立了一套完整的包括中间参量迭代式与系统权 W_N 迭代式的算法，其联系如下。

中间参量、权关系式：

$$e^f(n\mid n-1) \leftarrow X(n-1)(入), \quad f_N(n-1)(初)$$

中间参量迭代式：

$$e^f(n\mid n) \leftarrow \gamma_N(n-1)(初), \quad e^f(n\mid n-1)$$

中间参量迭代式：

$$\varepsilon^f(n) \leftarrow \varepsilon^f(n-1)(初), \quad e^f(n \mid n), \quad e^f(n \mid n-1)$$

权迭代式：

$$f_N(n) \leftarrow f_N(n-1), \quad g_N(n-1)(初), \quad e^f(n \mid n-1)$$

中间参量迭代式：

$$\gamma_{N+1}(n) \leftarrow \varepsilon^f(n-1), \quad \varepsilon^f(n), \quad \gamma_N(n-1)$$

中间权量、权关系式：

$$K_N(n)(引入的第二级中间量使 g_N、f_N 等联系) \leftarrow$$
$$g_N(n-1), \quad e^f(n \mid n), \quad \varepsilon^f(n), \quad f_N(n)$$

中间参量、权关系式：

$$e^b(n \mid n-1) \leftarrow x(n-N)(入), \quad X_N(n)(入), \quad b_N(n-1)(初)$$

中间参量迭代式 $(N \rightarrow N+1)$：

$$\gamma_N(n) \leftarrow k(n), \quad e^b(n \mid n-1), \quad \gamma_{N+1}(n)$$

中间参量迭代式：

$$e_b(n \mid n) \leftarrow \gamma_N(n), \quad e^b(n \mid n-1)$$

中间参量迭代式：

$$\varepsilon^b(n) \leftarrow \varepsilon^b(n-1), \quad e^b(n \mid n), \quad e^b(n \mid n-1)$$

中间参量、中间权量、权迭代式：

$$g_N(n) \leftarrow K_N(n), \quad b_N(n-1), \quad \gamma_N(n), \quad \gamma_N(n+1)$$

权迭代式：

$$b_N(n) \leftarrow b_N(n-1), \quad g_N(n), \quad e^b(n \mid n-1)$$

中间参量、系统权关系式：

$$e(n \mid n-1) \leftarrow d(n)(入), \quad X_N(n)(入), \quad W_N(n-1)(初)$$

量的种类如下：系统权量 $W_N(n)$，其他权量 $g_N(n)$、$f_N(n)$、$b_N(n)$，中间量 $e^f(n \mid n)$、$e^b(n \mid n)$、$\varepsilon^f(n)$、$\varepsilon^b(n)$，第二中间量 $\gamma_N(n)$、$\gamma_{N+1}(n)$、

$K_N(n)$，输入量 $X(n)$、$d(n)$。算法式的种类如下：① 中间量、权关系式；② 中间量迭代式（除了一个 $N \to N+1$ 的迭代外，都属于 n 迭代）；③ 权迭代式。

将上述各迭代式整理成一定顺序，可得完整的算法循环，所得算法按向量空间法推理得到，称为基本 FTF 算法。

2. 算法步骤

（1）步骤 1：算法初始化：$n = 0$ 时刻。

$$W_N(0) = g_N(0) = 0$$

$$f_N(0) = [1, 0, \cdots, 0]^{\mathrm{T}}$$

$$b_N(0) = [0, \cdots, 0, 1]^{\mathrm{T}}$$

$$\gamma_N(0) = 1.0$$

$$\varepsilon^f(0) = \varepsilon^b(0) = \delta, \ \delta \ \text{为小正数}$$

（2）步骤 2：$n = 1, 2, \cdots$ 时，依次循环计算下列各式。

$$e^f(n \mid n-1) = x(n) - X_N^{\mathrm{T}}(n-1)f_N(n-1)$$

$$e^f(n \mid n) = \gamma_N(n-1)e^f(n \mid n-1)$$

$$\varepsilon^f(n) = \varepsilon^f(n-1) + e^f(n \mid n)e^f(n \mid n-1)$$

$$f_N(n) = f_N(n-1) + e^f(n \mid n-1)g_N(n-1)$$

$$\gamma_{N+1}(n) = \gamma_N(n-1)\frac{\varepsilon^f(n-1)}{\varepsilon^f(n)}$$

$$\begin{bmatrix} K_N(n) \\ k(n) \end{bmatrix} = \begin{bmatrix} 0 \\ g_N(n-1) \end{bmatrix} + \frac{e^f(n \mid n)}{\varepsilon^f(n)}\begin{bmatrix} 1 \\ -f_N(n) \end{bmatrix}$$

$$e^b(n \mid n-1) = x(n-N) - X_N^{\mathrm{T}}(n)b_N(n-1)$$

$$\gamma_N(n) = [1 - k(n)e^b(n \mid n-1)]^{-1}\gamma_{N+1}(n)$$

$$e^b(n \mid n) = \gamma_N(n)e^b(n \mid n-1)$$

$$\varepsilon^b(n) = \varepsilon^b(n-1) + e^b(n \mid n)e^b(n \mid n-1)$$

$$g_N(n) = [K_N(n) + k(n)b_N(n-1)]\gamma_N(n)/\gamma_{N+1}(n)$$

$$b_N(n) = b_N(n-1) + e^b(n \mid n-1)g_N(n)$$

$$e(n \mid n-1) = d(n) - X_N^T(n)W_N(n-1)$$

$$W_N(n) = W_N(n-1) + e(n \mid n-1)g_N(n)$$

基本 FTF 算法的计算量约为 $8N$ 次乘法、$8N$ 次加或减法,而 RLS 算法的计算量为 $3N^2 + 5N$ 次乘法、$2.5N^2 + 1.5N$ 次加法或减法,因此计算量有了极大的改进,并且随着滤波器阶数 N 的提高,改进效果更明显。

6.1.2　稳定 FTF 算法

基本 FTF 算法存在数值稳定性问题,当用有限精度运算实现基本 FTF 算法时,数值误差会导致算法发散。对 FTF 算法进行分析可知,在算法发散之前,由于数值误差的积累,算法中的某一个正值会变成负值,这个量为 N 阶前向预测误差与 $N+1$ 阶前向预测误差之比,称为挽救变量,即

$$\xi_N(n) = \frac{\gamma_{N+1}(n)}{\gamma_N(n)} \tag{6.3}$$

在无限精度条件下,$0 \leqslant \xi_N(n) \leqslant 1$。但在有限精度条件下,$\xi_N(n)$ 将违反这个约束,可采取如下措施进行改善。

(1) 采用归一化 FTF 算法,以缩小各量的数值动态范围,可用字长缩短的计算设备及定点运算设备。

(2) 注意设立补救量重发或补救纠正。

(3) 采用变量变动范围小及误差积累慢的程序,从统计上看延长了补救重发周期,从而减小了平均判决误差及误码率。

(4) 采用块处理算法,思路是将数据分为固定长度为 l 的数据块($l \gg N$,N 为滤波器阶数),在每数据块开始时用上数据块末的权值作为初值,重新启动运算,权值变量等在每数据块末才变动一次。采用的准则为,在该数据块内,对于从各码元起的 N 个数据组,该组权值使累计误差平方和最小。这样,由于在每数据块末才变动权值等,且准则中所涉及的数据组限在数据块内,在多数情况下,可减少计算误差积累的影响,提高数值稳定性。

(5) 利用数值计算误差消息反馈来减小误差传播影响,可以等效地将挽救变量 $\xi_N(n)$ 表示为 $\xi_N(n) = 1 - e^b(n \mid n-1)k(n)$,对 $e^b(n \mid n-1)$、$k(n)$ 的计算进行严格控制,再进行加权修改,来纠正数值计算误差的传播影响,

以提高数值稳定性。这里采取最简单的强制约定的方法进行补救,当 $\xi_N(n)$ 为负数时,令 $\gamma_N(n) = 1$ 作为补救措施。

　　FTF 算法的优点是收敛迅速,其收敛特性对均衡器输入信号相关特性不敏感。FTF 算法的仿真条件与 LMS 算法、RLS 算法的仿真条件相同,系数 $\delta = 1$,其收敛特性仿真结果见图 6.1。将仿真结果与 LMS 算法和 RLS 算法的仿真结果比较,可知 FTF 算法的收敛速度比 LMS 算法快,与 RLS 算法的收敛速度相差不大,但稳态误差要大一些。

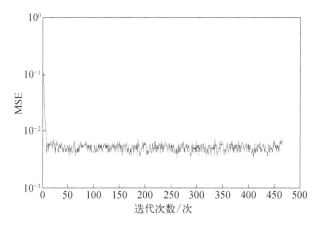

图 6.1　FTF 算法收敛特性仿真图

6.2　混合自适应均衡算法

　　从理论分析角度对 RLS 算法进行改进后,本节着重阐述如何设计混合算法以减少均衡器的计算量。由于判决引导最小均方(decision directed least mean square,DDLMS)算法的计算量小、实现容易,跟踪信道能力较强,首先将其与 FTF 算法相结合进行分析。

6.2.1　FTF+DDLMS 算法

　　均衡训练阶段采用收敛速度快、跟踪时变信道能力强的 FTF 算法,在正常工作状态下采用具有一定跟踪性能且运算量较小的 DDLMS 算法,称为 FTF+DDLMS 算法。

线性均衡比判决反馈均衡更易实现,在考虑采用何种算法及迭代方式时,为便于比较,采用线性结构均衡器。

原始数据经过特性为[1　0.2　0.3　0.2　0.4　0.1　0.1]的信道后,误码率为 0.09,滤波器取 13 阶。仿真数据为 2 000 码元,其中训练序列为 100 码元。参数设置如下:对于 LMS 算法,$\mu = 0.05$;对于 FTF 算法,$\delta = 1$;对于 FTF+DDLMS 算法,$\delta = 1$、$\mu = 0.005$。在 QPSK 调制方式下比较 LMS 算法、FTF 算法、FTF+DDLMS 算法三种情况,为了实时反映一帧数据的均衡效果,仿真效果用瞬时平方值(instant square value,ISV)和均衡后的星座图表示。LMS 算法仿真效果见图 6.2 和图 6.3,FTF 算法仿真效果见图 6.4 和图 6.5,FTF+DDLMS 算法仿真结果见图 6.6 和图 6.7。

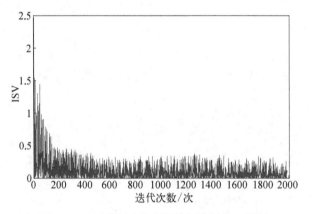

图 6.2　LMS 算法 ISV(训练序列为 100 码元)

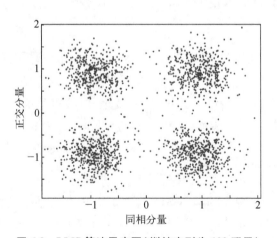

图 6.3　LMS 算法星座图(训练序列为 100 码元)

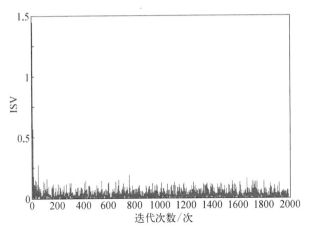

图 6.4　FTF 算法 ISV(训练序列为 100 码元)

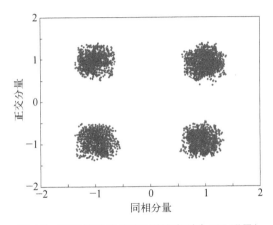

图 6.5　FTF 算法星座图(训练序列为 100 码元)

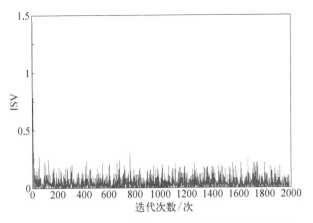

图 6.6　FTF+DDLMS 算法 ISV(训练序列为 100 码元)

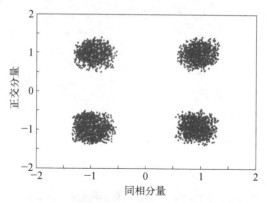

图 6.7　FTF+DDLMS 算法星座图(训练序列为 100 码元)

LMS 算法均衡后的误码率为 0.003,FTF 算法和 FTF+DDLMS 算法都不再有误码。由图 6.6 和图 6.2 可知,FTF+DDLMS 算法的收敛速度明显快于 LMS 算法,然而与 FTF 算法比起来,其收敛后的稳态误差稍大,这与 DDLMS 算法中 μ 值的选取有关。

与 FTF 算法相比,FTF+DDLMS 算法的运算量显著降低。在训练插入率为 0.1 时,FTF+DDLMS 算法的乘法和加法的运算量为 $0.1 \times (8N + 8N) + 0.9 \times (2N + 1)$ 次,在 $N = 13$ 的情况下,与 FTF 算法的运算量相比将近减少了 80%。

6.2.2　FTF+CMA

前面从减少均衡器运算量、利于硬件实现的角度,提出了一种 FTF+DDLMS 算法。从仿真结果看,在训练序列有 100 点时能够达到均衡要求,但在实际多制式系统应用中能够提供给均衡器的训练序列远远达不到 100 码元,只有 10 个符号左右,而 FTF 算法必须在 $2N$ 次迭代后才能完全收敛,在这种情况下,再对 LMS 算法、FTF 算法、FTF+DDLMS 算法进行仿真,LMS 算法仿真结果见图 6.8 和图 6.9,FTF 算法仿真结果见图 6.10 和图 6.11,FTF+DDLMS 算法仿真结果见图 6.12 和图 6.13。

由仿真结果可知,在这种情况下 LMS 算法无法收敛,FTF 算法和 FTF+DDLMS 算法可以收敛,但均衡后的误码率为 0.05,效果较差,改善效果不大,并且这是在训练序列过后眼图不是完全闭合的情况下的仿真结果。若信道条件极恶劣,训练序列过后,眼图完全没有张开,将无法判决出正确的数据。

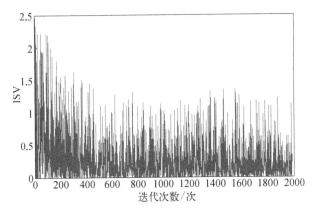

图 6.8　LMS 算法 ISV(训练序列为 10 码元)

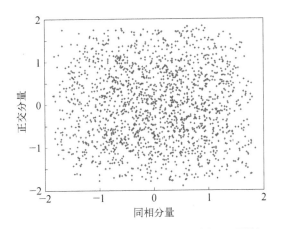

图 6.9　LMS 算法星座图(训练序列为 10 码元)

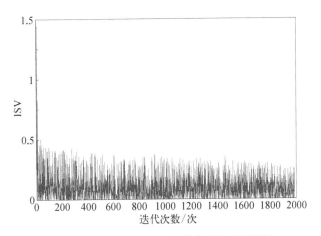

图 6.10　FTF 算法 ISV(训练序列为 10 码元)

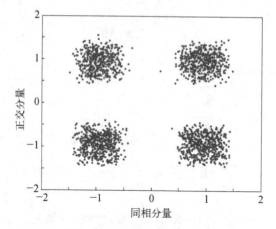

图 6.11　FTF 算法星座图（训练序列为 10 码元）

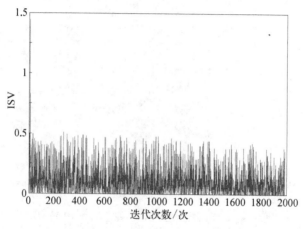

图 6.12　FTF+DDLMS 算法 ISV（训练序列为 10 码元）

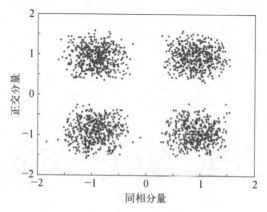

图 6.13　FTF+DDLMS 算法星座图（训练序列为 10 码元）

为了更好地进行均衡,必须采取补救措施,使均衡器在训练序列之后仍然能够继续收敛,而不是简单地直接进行判决反馈。盲均衡的特点是不需要训练序列,根据数据统计特性进行均衡,因此本节提出了一种 FTF+盲均衡算法的混合算法。

恒模算法(constant modulus algorithm,CMA)与载波相位误差无关,并且与信号星座分布情况无关,当存在载波相位误差时,不会影响其收敛特性,且 CMA 既适用于具有恒模的源信号(如 MPSK),也适用于非恒模源(如 MQAM),在一定的理想条件下,可以达到很好的收敛。因此,这里的盲均衡算法采用 CMA,并采用 LMS 算法来更新均衡器的抽头权值。CMA 步骤: $n = 1, 2, \cdots$; $y(n) = W_N^H(n-1)X_N(n)$; $e(n) = y(n)[R_2 - |y(n)|^2]$; $W_N(n) = W_N(n-1) + \mu X_N(n)e(n)$。

CMA 与 LMS 算法的区别为对误差 $e(n)$ 的定义,CMA 利用信号的统计信息对均衡器进行训练。对 FTF+CMA 进行仿真,仿真条件与前相同,结果见图 6.14 和图 6.15。

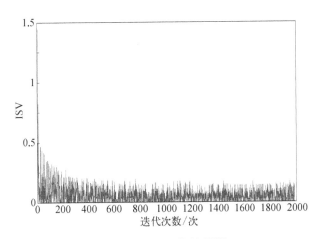

图 6.14　FTF+CMA ISV

由仿真结果可看出,由于采用了 CMA,训练序列之后的均衡器能够继续收敛,均衡后的数据误码率为 0.008,均衡效果比 FTF+LMS 算法有所改善。

当信号的眼图睁开后,相比 CMA,DDLMS 算法的残余误差小,并具有一定的跟踪性能,因此如果能将 CMA 和 DDLMS 算法的优点结合到一起,又克服各自的缺点,将得到最理想的结果。基于此分析,下面对 FTF+CMA 进行改进,提出了 FTF+CMA+DDLMS 算法。

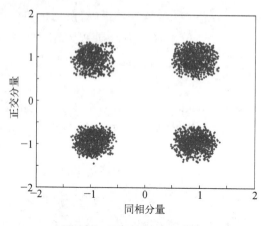

图 6.15　FTF+CMA 星座图

6.2.3　FTF+CMA+DDLMS 算法

在分析 FTF+CMA 的基础上,对 FTF+CMA+DDLMS 算法研究的关键是如何设置"切换点",将算法从 CMA 切换至 DDLMS 算法,以进一步减小残余误差。本节根据均衡器输出符号与判决数值间误差的 ISV 值来选择盲均衡算法或 DDLMS 算法。当 ISV 值较大时,说明符号判决错误率较高,建议用盲均衡算法解决。当 ISV 值低于某个数值时,说明符号判决错误率较低,采用 DDLMS 算法。并且,ISV 值在均衡器收敛过程中会受到 CMA 步长因子的影响,存在数值波动,因此不能由单个输出符号的 ISV 值确定切换点,必须在确定相邻几个输出符号的 ISV 值都符合要求的情况下,才可以进行算法切换。

采用 FTF+CMA+DDLMS 算法进行仿真,结果见图 6.16 和图 6.17,仿真条件与 FTF+CMA 相同。由图 6.16 和图 6.17 可以看出,FTF+CMA+DDLMS 算法同样能够收敛,并且收敛后的残余误差比 FTF+CMA 小,星座图也更清晰,均衡后的误码率为 0.005。

并且,由于 DDLMS 算法比 CMA 的运算量小,相比 FTF+CMA,FTF+CMA+DDLMS 算法的运算复杂度进一步降低。通过上述分析、仿真,可以得出结论:在多制式接收机的均衡器设计中,不应该仅采用单一自适应均衡算法,应该采用混合算法,即在训练序列阶段,采用收敛快但运算量相对较大的 FTF 算法。在数据阶段,首先采用不需要训练序列的 CMA 继续收敛,在均衡器输出数据的 ISV 值减小到一定值,均衡器基本收敛后,采用运算量小、稳态误差小的 DDLMS 算法进行跟踪。下面分析这种混合算法在飞行器通信链

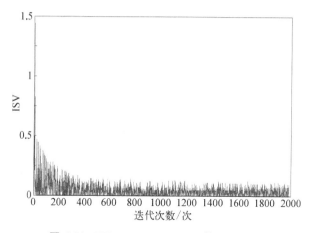

图 6.16　FTF+CMA+DDLMS 算法 ISV 值

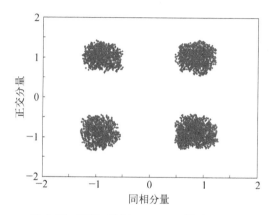

图 6.17　FTF+CMA+DDLMS 算法星座图

路系统中的应用。

6.3　系统仿真验证

飞行器通信链路的信号都可以表示为 $S(t) = x_k(t)\cos(\omega_c t) + y_k(t)\sin(\omega_c t)$，设理想情况下，在接收机下变频处，将两个相互正交的载波信号与调制信号相乘得到 I、Q 支路信号分别为

$$
\begin{aligned}
&\left[x_k\cos(\omega_c t + \varphi) + y_k\sin(\omega_c t + \varphi)\right]\cos(\omega_c t + \varphi) \\
&= \frac{1}{2}x_k + \frac{1}{2}x_k\cos 2(\omega_c t + \varphi) + \frac{1}{2}y_k\sin 2(\omega_c t + \varphi)
\end{aligned}
\tag{6.4}
$$

$$\left[x_k \cos(\omega_c t + \varphi) + y_k \sin(\omega_c t + \varphi) \right] \sin(\omega_c t + \varphi)$$

$$= \frac{1}{2} y_k - \frac{1}{2} y_k \cos 2(\omega_c t + \varphi) + \frac{1}{2} x_k \sin 2(\omega_c t + \varphi) \tag{6.5}$$

经过低通滤波器滤除高频信号即可恢复出 I、Q 两支路的基带信号,分别为 $\frac{1}{2} x_k$ 和 $\frac{1}{2} y_k$。

在飞行器通信链路系统的结构中,均衡器处在数字下变频和滤波之后,所处理的数据是基带数据。因此,对于均衡器,I、Q 两路的输入数据都可以表示成 $A + B\mathrm{j}$ 的形式,可以采用同一种复数结构的均衡器进行信道均衡,复数结构均衡器见图 6.18。如果调制方式是 BPSK,下变频后是实数信号,将均衡器的复数形式转为实数形式是很简单的,只采用复数结构均衡器的单路进行计算即可。

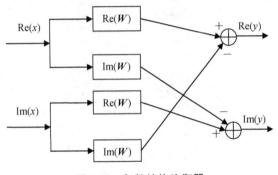

图 6.18 复数结构均衡器

以无人机为例,无人机通信信道典型状态是任务区盘旋状态,应用前一节设计的自适应均衡器进行仿真,仿真点数为 1 帧数据 2 000 个符号、载波频率为 2.2 GHz、数据频率为 10 MHz、信噪比为 10 dB、误码率为 0.004。同时,假设载波、位定时完全同步,滤波器为 13 阶,对两种典型调制方式——QPSK 和 16QAM 进行仿真。

采用 FTF+CMA+DDLMS 算法进行均衡,FTF 算法中取 $\delta = 1$,LMS 算法中取 $\mu = 0.005$。由于不同调制方式下星座点间的距离不同,对数据判决域的要求不同,也就是说对均衡后数据的稳态误差的要求不同。可以针对不同的调制方式设置不同混合算法中的切换点:采用 QPSK 调制,当 ISV 值下降到 0.25 时,CMA 即可切换为 DDLMS 算法;采用 16QAM 调制时,ISV 值下降到 0.1 时作为切换点。仿真结果如图 6.19~图 6.24 所示。

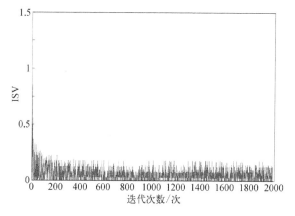

图 6.19 QPSK 调制 ISV

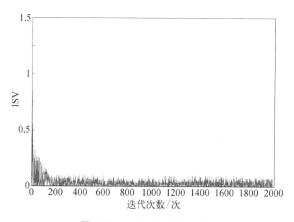

图 6.20 16QAM 调制 ISV

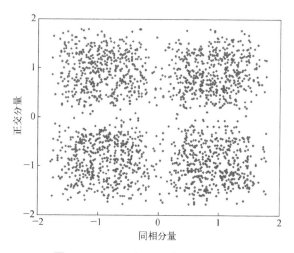

图 6.21 QPSK 调制均衡前的星座图

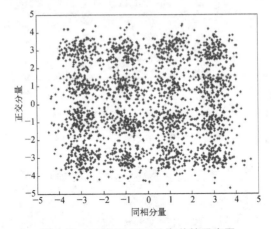

图 6.22　16QAM 调制均衡前的星座图

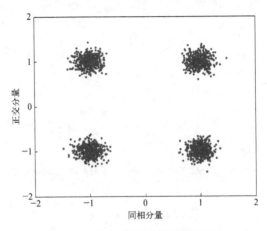

图 6.23　QPSK 调制均衡后的星座图

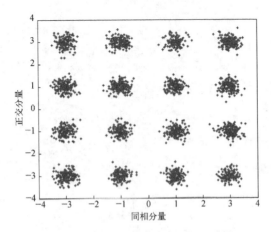

图 6.24　16QAM 调制均衡后的星座图

　　由两种调制方式的 ISV 可看出：采用 QPSK 调制时，大约在 100 点到达算法切换点；采用 16QAM 调制情况下，大约在 150 点达到算法切换。从仿真的星座图可以看出，两种调制方式下，均衡器都可有效收敛。

　　由此可得出结论：本节设计的复数结构、FTF+CMA+DDLMS 算法的自适应均衡器对调相、调幅信号进行了有效均衡，可应用于飞行器通信链路系统。

参 考 文 献

[1] William H, Tranter K, Sam Shanmugan, et al.通信系统仿真原理与无线应用[M].
肖明波,杨光松,许芳,等,译.北京：机械工业出版社,2005.

[2] Okumura Y, Ohmori E, Kawano T, et al. Field strength and its variability in VHF and
UHF land mobile radio services[J]. Review of the Electric Communication Laboratory,
1968, 16(10)：825 - 873.

[3] Hata M. Empirical formulae for propagation loss in land mobile radio services[J].
IEEE Transactions Vehicular Technology, 1980, 29(3)：317 - 325.

[4] William C Y Lee.移动通信工程理论和应用[M].宋维模,姜焕成,译.北京：人民邮
电出版社,2002.

[5] 金石,张晓林,周琪.无人机通信信道的统计模型[J].航空学报,2004,25(1)：
62 - 64.

[6] Mounir G, Anathram S, Tariq D. Blind synchronization and Doppler spread estimation
for MSK signals in time-selsctive fading channals [C]. 2000 IEEE International
Conference on Acoustics, Speech, and Signal Processing, Istanbul, 2000.

[7] Ko Y C, Jeong G. Doppler spread estimation in mobile communication systems[C].
IEEE 55th Vehicular Technology Conference, Birmingham, 2002.

[8] 熊皓.无线电波传播[M].北京：电子工业出版社,1999.

[9] IEEE 802.16 Working Group. IEEE standard for local and metropolitan area networks
part 16：air interface for fixed[S]. New York：IEEE, 2001.

[10] Erceg V, Hari K V S, Smith M S, et al. Channel models for fixed wireless applications
[S]. New York：IEEE, 2003.

[11] Electronic Communication Committee (ECC). The analysis of the coexistence of FWA
cells in the 3.4~3.8 GHz band[R]. ECC Report 33, 2003.

[12] Pedersen G F. Digital mobile radio towards future generation systems[R]. European
Communities, EUR 18957, 1999.

[13] 刘顺兰,赵晓菲.SC - FDE 系统中改进的粗定时同步技术[J].计算机工程,2011,
37(10)：105 - 107.

[14] Chu D C. Polyphase codes with good periodic correlation properties [J]. IEEE
Transaction on Information Theory, 1972, 18(4)：531 - 532.

[15] Frank R L, Zadoff S A, Heimiller R. Phase shift pulse codes with good periodic

correlation properties［J］. IRE Transactions on Information Theory, 1962, 8(6): 381－382.

［16］ 杜勇.数字调制解调技术的 MATLAB 与 FPGA 实现：Altera/Verilog 版［M］.2 版.北京：电子工业出版社,2020.

［17］ 许斌.复合编码扩谱系统的设计与实现［J］.装备指挥技术学院学报,2005,16(2): 88－89.

［18］ Louay M, Jalloul A, Jack M, et al. Performance analysis of DS－CDMA with noncoherent m-ary orthogonal modulation in multipath fading channels［J］. IEEE Journal on Selected Areas in Communications, 1994, 12(5): 862－868.

［19］ 高洪涛,王振玉.多进制直接扩频系统系统性能分析与仿真［J］.无线电工程, 2007,37(8): 22－24.

［20］ Seybold J S, Fountain G V, Belkerdid M A. Performance analysis of an expanding-search algorithm for coarse acquisition of dsss signals［J］. Wirelsee Personal Communications, 1997, 5: 75－88.

［21］ Braun W R. Performance analysis for the expanding search pn acquisition algorithm ［J］. IEEE Transactions on Communications, 1982, 30(3): 424－435.

［22］ Stirling-Gallacher R A, Hulbert A P, Povey G J R. A fast acquisition technique for a direct sequence spread spectrum signal in the presence of a large Doppler shift［C］. Proceedings of the IEEE international. Symposium on Spread Spectrum Techniques and Applications, Mainz, 1996: 156－160.

［23］ 田日才.扩频通信［M］.北京：清华大学出版社,2007.

［24］ 邹琼,邵定蓉,李署坚.直接序列扩频系统折叠匹配滤波器设计［J］.电子测量技术,2006,29(1): 76.

［25］ 徐峰,邵定蓉,李署坚.一种高动态直接序列扩频接收机快速捕获方法［J］.北京航空航天大学学报,2007,33(6): 672－676.

［26］ Oppenheim A V, Schafer R W. Digital signal processing［M］. Upper Saddle River: Prentice Hall, 1995.

［27］ van Nee D J R, Coenen A. New fast GPS code-acquisition technique using FFT［J］. Electronics Letters, 1991, 27(2): 59－66.

［28］ 李菊,陈禾.基于 FFT 的两种伪码快速捕获方案的研究与实现［J］.电子与信息学报,2006,28(10): 1779.

［29］ 黄颖,陈文正.直接序列扩频同步技术研究与系统的 FPGA 实现［D］.杭州：浙江大学,2006.

［30］ Yang C, Chafee J, Abel J, et al. Extended replica folding for direct acquisition of GPS p-code and its performance analysis［C］. Proceedings of ION GPS, Salt Lake City, 2000: 2070－2078.

［31］ 周辉,李洪,陆明泉,等.GPS 中 P(Y)码直接捕获技术与发展［J］.系统工程与电子技术,2007,29(6): 962－966.

［32］ 王君,安建平,宋淑娟.一种新的高动态直接序列扩频接收机快速码捕获方法［J］.

北京理工大学学报,2004,24(5):439-465.

[33] 樊昌信,曹丽娜.通信原理[M].7 版.北京:国防工业出版社,2012.

[34] 张贤达,保铮.通信信号处理[M].北京:国防工业出版社,2000.

[35] Gordon L. Staber.移动通信原理[M].2 版.裴昌幸,聂敏,岳安军,译.北京:电子工业出版社,2004.

[36] Jianhua Lu, Letaief K B. M-PSK and M-QAM BER computation using signal-space concepts[J]. IEEE Transactions on Communications, 1999, 47(2): 181-184.

[37] 樊昌信.通信原理教程[M].北京:电子工业出版社,2005.

[38] Mueller K H, Muller M S. Timing recovery in digital synchronous data receivers[J]. IEEE Transactions on Communications, 1976, 24: 516-531.

[39] Kim K, Park H. Enhanced phase tracking for unique word based SC-FDE on frequency selective channels[C]. IEEE International Microwave Workshop Series on RF Front-ends for Software Defined and Cognitive Radio Solutions, Aveiro, 2010.

[40] Li W, Chen M, Shi X C, et al. A Novel frequency domain equealizer against high doppler in single-carrier communications[C]. IEEE Wireless Communications and Networking Conference, Hong Kong, 2007: 1461-1464.

[41] Woloszynski C, Dai Q. New SIMO single-carrier waveform designing for interference mitigation and high Doppler multipath environment[C].IEEE Military Communications Conference, Boston, 2009.

[42] Carayannis G, Manolakis N, Kaloupsidis N. A fast sequential algorithm for least-squares filtering and prediction[J]. IEEE Transactions on Acoustics Speech and Signal Processing, 1983, 31(6): 1394-1402.

[43] Cioffi J M. Fast RLS transversal filter for adaptive filtering[J]. IEEE Transactions on Acoustics Speech and Signal Processing, 1984, 32(4): 304-338.

[44] 陈尚勤,李晓峰.快速自适应信号处理[M].北京:人民邮电出版社,1993.

[45] Moose P H. A technique for orthogonal frequency division multiplexing frequency offset correction[J]. IEEE Transactions on Communications, 1994, 42(10): 2908-2914.